掌握10大關鍵步驟，教你買對地、蓋好房，規劃、施工、資金、法規問題一次解決

圖解 自地自建 買地蓋屋 【暢銷更新典藏版】完全通

漂亮家居編輯部 著

Contents
目錄

Step 1 睜大眼睛，挑選對的土地，就是蓋房成功的一半

Step 2 蓋房蓋到一半，最怕錢不夠用，教你做好妥善的資金計畫

Step 8 建材和設備選對了，入住沒煩惱

買地蓋屋
成家計畫
START!!
1. 土地情報收集
2. 資金儲備
根據自己的年收入和儲蓄妥善規劃。
BANK
3. 評估土地
考量地緣、交通、社區機能、防盜、學區等因素。
4. 考量購地成本後下訂
合約
350萬
450萬
400萬
周遭平均土地價格確認、建蔽率。
命運
確定要買靠海、靠山、或是田中央的地，下好離手。
12. 竣工檢查
完工後的驗收
13. 申請使用執照
使用執照
14. 登記入居
申請建物證明並搬入

自地自建
夢想起步

買地蓋房，是自地自建的人一輩子的夢想。不知道該如何起頭嗎？濃縮找地、買地、蓋房計畫中最重要的 14 個流程，教你蓋好自己的夢想自宅。

5. 找適合的建築師或營造商

我重視機能　我設計最強　我預算合理

找2～3家的建築師或營造商諮詢。

你確定找的建築師或營造商是對的嗎？機會只有一次！

6. 圖面設計

與建築師討論心目中的房屋，並完成圖面設計。

7. 申請建照

8. 動土儀式

9. 建築本體施工

10. 監工

11. 室內裝潢&景觀工程

Step 1

睜大眼睛，挑選對的土地，就是蓋房成功的一半。

Point1 如何找到土地

Point2 挑選土地的注意事項

+Plus 找地、蓋屋的實際流程

+Plus 土地及周遭環境條件Check List

待售
待售
GO！
出發看地囉。

Questions 001

我想要找地，可以在哪裡找到土地資訊呢？

現在的資訊透明公開，想買地，大多可透過以下管道得知土地訊息：

1 親友介紹：可透過當地的親朋好友瞭解土地的相關訊息。

2 分類廣告：在報紙或房地產雜誌上會刊載相關的土地買賣廣告。有時也可在路邊看到。至於地主自行拋售的土地，有的會在路邊豎立售地的小招牌，但這多半也已委交給仲介來處理。若是看到喜歡的地段，不妨打聽當地口碑較佳的仲介，比較容易找到待售的土地。

3 土地仲介：建議選擇專業的不動產經紀業者介紹。透過不動產經紀業者買地，雖需給付佣金，但可初步過濾產權、使用權有問題的土地，避免不必要的購地糾紛。

另外，社區型農地是由建商買下大片農地或山坡地，略加整地之後，就將大片土地分割成較小面積售出。這種社區型農地可免去買地時會遇到的繁瑣法律問題。

4 不動產網站：土地價格、資訊等可從不動產相關網站得知。目前很多的房屋買賣網站除了現成屋之外，同時也會刊載土地買賣資訊。

5 政府機關：如果想購買農地，除了可在台灣農地資訊服務網查詢之外，也可向各地農會詢問。想買法拍地的人，可從法院公佈欄得知，另外也能在網路或是由法拍買賣業者所出版的專屬刊物等處獲得相關資訊，但要小心確認土地產權是否有糾紛。

Questions 002

有一塊土地我很喜歡，但不知道能不能蓋房子，要如何查詢呢？

若想避免找地、買地的風險，可在購買之前，先向當地主管機關調閱土地謄本及地籍圖。

有了地籍謄本就能了解使用分區、使用地類別、地目分類、實際面積等資料，確認是否可蓋房子。同時，也可請教當地的地政士，了解該筆土地的狀況。申請時，不同縣市的相關單位會有所不同，台北市為地政局，宜蘭縣為建設處城鄉發展科，可事先上網查詢需向哪個單位申請。

向戶政機關申請地籍謄本，調閱相關土地資訊。

Questions 003

可以購買國有土地嗎？

國有土地釋出的訊息通常由國有財產局公開標售，一般人也可購買國有土地，但需依國有地購買程序進行。

國有財產局只負責公告與標售，國有土地甚至不像法拍地有點交與不點交的分別，因此該筆土地是否有人占用？是否有租賃問題？買地的人必須自己打聽清楚，除非對這筆土地狀況非常了解，否則不建議一般人購買，因為風險會比法拍地更高。國有土地的招標資訊，可上財政部國有財產署網站（www.fnp.gov.tw）「本站訊息／招標資訊」查詢。

Questions 004

聽說法拍地比較便宜，可以從哪些管道取得有效資訊？

法拍地可透過專門從事法拍買賣的公司網站、業者出版的定期刊物取得資訊，或透過法院公佈欄、銀行拍賣公告等。

目前法拍地已經愈來愈少，且價格不見得比較便宜，加上購買法拍地有一定的風險，通常法拍地分為點交與不點交兩種，不點交的法拍地本身可能就有產權、使用權或租賃權等複雜的問題待解決，購買前須評估自己是否有能力處理這些棘手問題。

法拍土地的查詢方式

Step 1 選擇地區法院

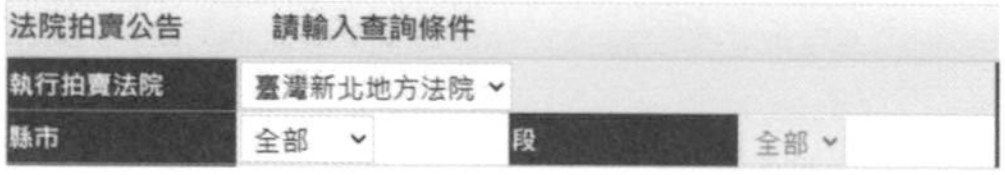

法院拍賣公告	請輸入查詢條件		
執行拍賣法院	臺灣新北地方法院		
縣市	全部	段	全部

司法院法拍網站
https://aomp109.judicial.gov.tw/judbp/wkw/WHD1A02

註：

- **點　交：** 常在查封筆錄上看到「拍定後點交」的敘述，意思是指拍定人在得標後七天內繳清投標尾款，並取得「權利移轉證書」，具狀法院民事執行處聲請「點交」，待法院排訂時間安排履勘，或是強制執行，依法點交房屋予拍定人。通常比較不會出現使用權、產權等後續問題。
- **不點交：** 查封筆錄公告若為「拍定後不點交」，就是標的物拍定後，不能聲請法院安排點交程序。拍定人可以「談判點交」與現住人（即占用人）協商交屋事宜，或選擇「起訴點交」委託律師提出告訴，請求返還房屋。

Step 2 拍賣標的：選擇「土地」
拍賣程序及結果：選擇「一般程序」

拍賣標的	□ 房屋 ■ 土地 □ 房屋＋土地 □ 房屋或土地 □ 動產
拍賣程序及結果	■ 一般程序 □ 應買公告 □ 拍定價格

Step 3 點交否：選擇「點交」
權利範圍：選擇「全部」，其餘可不選

面積	依所需坪數選擇
點交否	□ 不限 ■ 是
空地否	■ 不限 □ 是
權利範圍	■ 全部

Step 4 查閱相關公告及土地資料

知曉地號後，可先調閱地籍謄本，查詢是否為能蓋屋的土地。

土地座落	新北市〇〇區〇〇段
地號	〇〇〇
地目	建
面積（平方公尺）	105
權利範圍	全部
最低拍賣價格	1,300,000 元
點交情形	點交
使用情形	一、拍定後點交。 二、〇〇及〇〇地號土地依土地法第 17 條規定不得移轉於外國人，請應買人注意。
備註	一、上開不動產 1 宗拍賣，請投標人分別出價。 二、拍賣最低價額合計新台幣：1,300,000 元，以總價最高者得標。 三、保證金新台幣：260,000 元。 四、抵押權拍定後均塗銷。

得標者可向法院申請點交，將會由書記官和員警陪同到現場，協助得標者點交標的物，可避開有產權的糾紛。若土地為不點交，法院則不會協助事後的點交處理，若土地上有人居住，得標者則需自行和住戶溝通協調，通常是費時費力，因此建議選擇有「點交」的土地為佳。

Questions 005

購買法拍地，可以請專門的業者代辦嗎？

可以的，買法拍地目前有許多代辦公司，委託業者可節省時間。

若自己沒有時間或沒有處理過法拍地的經驗，委託代辦公司處理較方便，不過代辦業者良莠不齊，最好事先打聽清楚，找有口碑、信用好、正派經營的公司會比較有保障。同時必須確認彼此簽訂的合約條件是否合理，若不是很了解，可在簽約前找律師諮詢會比較好。

目前代辦公司沒有一定收費標準，有的代辦公司酌收得標金額3～5％費用，但也有其他收費方式，建議多打聽。

此外，若法拍的土地未點交，或有地上物、租賃關係等問題需處理，可能會需要支付額外費用。

法拍土地
得標價 1,000,000
代辦費

Questions 006

買不對地，事後問題多，要如何確保土地開發商信譽是否可信任？

一般會先看是否為上市上櫃公司，大公司有品牌較不會為了利潤做出砸招牌的事，但也有例外。

若為中小型開發商，建議可分析歷年建案跟實際調查住戶或網路查資料，甚至請認識的建商朋友打聽該公司的消息。有些開發商將山坡地或農地規劃成社區型態，此時可要求參觀對方過去規劃過的社區，或找已經向該公司購地蓋屋的屋主了解對方的信用。

建商都會定期關心我們，有問題都會馬上解決，你不買這裡可惜啦。
建商售後服務如何？

Questions 007

如何選擇優良的土地仲介？佣金通常怎麼算？

須確認對方是否為合法經營的不動產經紀業者，仲介的佣金收費標準不一，依照規定，仲介向買賣雙方收取的仲介服務費不得超過成交價金的6％。

通常「經主管機關許可，辦妥公司登記或商業登記，並加入登記所在地同業公會」才是合法經營的不動產經紀業者，建議可至「內政部不動產服務業資訊系統／不動產經紀業」中查詢（https://resim.land.moi.gov.tw/Home/PriIndex）。只要輸入經紀業名稱、經紀人姓名等相關資料，即可確認及是否合格的開業者；同時也能查詢出事務所名稱、證書字號、執照字號與執照有效期限等資料。

一般來說，仲介會收取一定比例的佣金。通常，知名品牌的連鎖仲介商，其收費標準為：買方支付交易金額的２％當仲介佣金、賣方出４％。民間仲介人的佣金比較低廉，通常由買賣雙方各出交易金額的１％。佣金的金額可於交易前協商。建議買方最好等簽約、成交後，再給付仲介酬金，或透過公正的第三者（銀行），進行「買賣價金保證」，意即將買地的錢存入銀行專戶，待拿到產權證明後，再透過銀行撥款給賣方會較有保障。

但要注意的是，不動產經紀業者只是代為介紹土地，有些甚至只是代銷公司，不一定對土地十分瞭解，有時甚至會隱瞞土地的不良情報，例如產權不清等問題。因此買地前最重要的關鍵，還是買方對土地的了解程度，建議最好做足功課，具備足夠專業判斷力，才能確認自己是否買對地。

Questions 008

買地蓋屋有沒有什麼要注意的風水考量呢？

風水問題見仁見智，有些是從地理勘輿理論延伸的相關說法，有佐證的科學根據，也能作為選地的參考。

1了解建地的「前身」：若看中的地是一片新開發出來的建築用地，一定要調查在做為建築用地之前的原始資料。以下這幾種土地就不適合蓋住家：

①原為沼澤水域，藉由填土而成的新生地。最基本的風水學就說，吉地的地勢宜高，不可在低窪地區。用現代觀念來看，一則填出來的建地地基不夠結實，貿然蓋房子的話，可能會影響建築物的安全性；二則當地濕氣較重，對居住者健康不利；三則地勢低易積水，造成不便或損失。

②曾作為垃圾場、化糞池，或堆積化學原料的土地。這類的地受過污染，對人的健康會形成威脅。

③曾當過刑場、墳場、殯儀館，火葬場用的土地，或曾發生巨大災變（水災）、發生過刑案的土地，在風水上來看，不論怎麼調整吉氣都會受到干擾。

2地的形狀以方正為佳：不規則地形如T形、三角形、十字形、圓形都不適合蓋房子。T形和十字形建地象徵坎坷不平，圓形建地象徵封閉沒發展，三角形建地在風水上是最凶，必須加以處理才可，否則事業必敗，是非紛至。

3風不宜大，陽光要足：陽宅風水還講究陽光空氣，如果建地附近處於風口，風勢強勁的話，即使有旺氣凝聚也會被大風吹散，若是空氣不太流通也不適宜。最為理想的是有柔和的輕風徐徐吹來，清風送爽，這才是符合風水之道的建地。若在陽光不充足的屋子裡生活，往往會陰氣過重，甚而導致家宅不寧，家人多病，因此最好在不同時間點前往看地，取得更多光照資訊。

Questions 009 地政士（代書）介紹的土地，買賣是否更有保障？

依現行地政士法規定，地政士的業務範圍並不包含土地仲介，若私下從事不動產經紀業務（仲介），將因此受罰。

因此，建議大家還是透過符合不動產經紀業條例規定的不動產經紀人買地。但後續簽約、過戶等程序，則可委託有執照的地政士處理較有保障。土地買賣最重要的根據是雙方簽訂的合約，簽約前，一定要看清楚合約規範才能保障自己的權益。

Questions 010 什麼是「裡地」、「袋地」和「盲地」？

裡地指位於臨街線算起適當範圍以外土地。袋地指位於臨街線與裡地線之間無直接面臨道路，僅以巷道出入或無出入之土地。盲地指不臨道路的土地。以上都屬於畸零地的一種。

一般定為18公尺的線條稱為「裡地線」，裡地線以內的土地稱為「裡地」。不臨道路，且未達裡地標準之土地稱為「袋地」。裡地與袋地皆是盲地的一種，但裡地並不等同於袋地。

一般來說，建築基地需接建築線（通常需臨街）才可以申請建築，而建築基地的寬度、深度及臨接建築線的寬度都有一定的規定，通常各縣市都有自己的畸零地使用自治條例用以規範建築基地寬度、深度及可建築的面積等，對於未達到該規定的寬度、深度及面積大小的土地稱為畸零地，而畸零地需經整理後才可興建建築物。

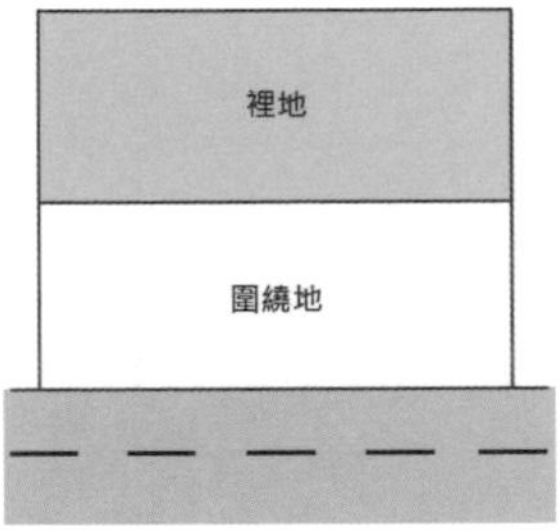

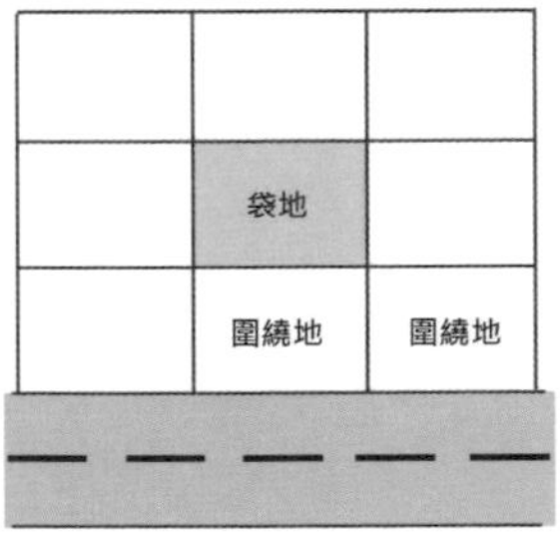

Questions 011

如何挑選適合蓋房子的土地呢？

在挑選蓋房子的土地前，先掌握土地的資訊——「區域、土地面積、方位、形狀」，接著再思考自己的需求而定。

如果這塊地只是想蓋一般住家的話，則必須考量就業、就學、交通、日常生活的便利性，因此選地時多離不開城鎮或市區，相對購地金額也會比較高昂。若是想退休蓋個農舍，並有意從事農業耕作，則要留意土地基地附近有無充裕的水源地、灌溉溝渠等，以及基地所屬的地質、氣候條件適不適合種植，另外，還要確認對外是否有產業道路可出入。

而土地和道路的相對位置也需要注意。一般來說，大門面向道路會較方便進出，因此也就會決定了房屋的座向是座南朝北或座東朝西等，進而影響到日照和通風因素。在密集的都市區選地，要注意周遭建物的高度是否會影響日照不足或通風問題。

此外，土地的「履歷」也是非常重要的，若曾是工廠用地，就要瞭解是否有土地污染的情形？若以前是魚塭的話，則可能有土地濕軟的問題，需要事後再填土或是多打地基以求穩固。若為住家的話，則要注意住戶是否有祖墳位於該土地上面。建議在看地的時候，多向鄰居打聽以前的使用情形，較不容易發生後續的問題。

土地條件的考量因素

◎代表「優」、○代表「中等」、Δ 代表「不優」

土地狀況	評量項目
形狀	◎ 正方形或長方形 ○ 斜四角形 Δ 三角形、不規則多角形
地形	◎ 平坦 ○ 略微傾斜 Δ 傾斜幅度大
面積	◎ 比法定的建築面積大，且留有景觀設計的餘裕 ○ 和法定的建築面積相同 Δ 比法定的建築面積小，有無法蓋房的疑慮
鄰近道路的高低差	◎ 高於道路 ○ 和道路同高 Δ 低於道路
地盤	◎ 地盤堅實 Δ 地盤鬆軟或積水

多方條件綜合評比後，再選出最適合的土地。

周遭設施的Check List
BANK
□ 銀行或郵局等金融設施
方便日後有財務處理的需要。
○○市場
□ 傳統市場或超市
滿足食品、生活用品的採買。
□ 24 小時營業便利商店
24小時營業的便利商店，對於夜間臨時有購物需求的人來說十分方便。
□ 國中小學校或幼稚園、托兒所
對於有小孩的家庭，要考量鄰近學區的遠近。若是臨時有托兒需要，也能就近托育。
24hr
24hr
車站
□ 捷運、公車等大眾運輸車站
考量住家與大眾運輸的遠近，方便縮短日後上學、上班的通勤時間。
□ 醫院或藥局
考量鄰近是否有醫療設施，尤其家中有長輩或幼兒，更需要考慮就醫的便利性。
□ 嫌惡設施
觀察附近是否有高壓電塔經過。挑選土地時，也應注意是否位於雞舍、牧場的下風處，避開不良的氣味。若鄰近快速道路、鐵路、飛機場則會有噪音的問題，也應避免。

Questions 012

想買的農地沒有自來水，地主說可引山泉水，但水管需經鄰居土地，這樣的地可以買嗎？

水管若會經過鄰地，建議事先確認水權問題或是尋找替代水源。

用水是民生大計，一般有自來水、山泉水、井水可取用。若沒有自來水，必須確認自己的土地有源源不絕的地下水可用，或向自來水公司申請，就近接管使用。

不論是哪種水都須確認管線是否會經過鄰居的土地，且對方是否願意開放水權讓你使用，避免無水可用的狀況。

通常在規劃設計圖的同時，就必須要先解決給排水管線問題，才不會動工到一半發現接水有困難。

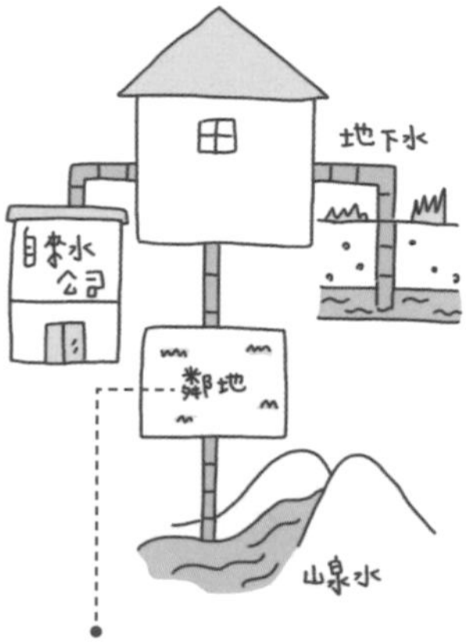

若水管需通過鄰居土地，要事先和鄰居協調水權是否能用。

Questions 013

買山坡地建造房子，迎風坡與背風坡有很大的關係嗎？

夏季若迎風，可能會有颱風的威脅；冬季迎風，則容易有寒流侵襲。

若房子位於迎風坡，或座向恰巧是迎風面，碰到颱風來襲時，容易損失慘重。而且還會因季節不同，會有不同的問題。若正好是位於西南向的迎風坡，冬天易受到東北季風的侵襲，在設計上需加強暖氣的裝設。

因此會建議最好尋找背風坡的土地來購買。台灣的風力可分為數個級區。其中 250 級區的地方，其房子因為天候關係，不能興建太高，以免無法承受風力侵襲。

Questions 014

看中一塊建地想買，但聽説位於自來水管線末端，未來會有缺水問題嗎？

管線末端的土地，即使申請了自來水，到了缺水時，很可能就成為最早限水的地區，對於日常生活影響很大，需事先確認為佳。

買地購屋，用水問題是篩選時的重要關鍵。若想要用自來水，必須先確認該處是否有自來水管線，且是否處於管線末端。若是位於管線末端的土地，容易在缺水時成為第一批的限水區。此外，有些地區的自來水，即使水量豐沛，但遇到降雨量爆增，水庫含沙量大時也會限水。

建議買地時，必須評估該處是否經常停水，若沒有自來水，是否還有地下水、山泉水等替代水源可用，否則蓋屋時必須增設儲水設備，或雨水回收再利用的環保設計。

Questions 015

想要買的農地，附近有牧場，地主説只要不在下風處，空氣品質就不受影響，真的嗎？

土地若位於牧場附近，空氣品質多少會受影響，買地前必須親自到現場確認感受。

不同季節的風向不同，原本位於下風處的土地，過了一季換了風向，可能就會有空氣品質上的問題。舉例來說：台灣夏天吹南風、西南風，若牧場位於想購買的土地南方或西南方（上風處），很容易就聞到空氣中異味，但若冬天去看地，風吹的方向改變，感覺就不明顯。若真的因價格或其他條件因素想買這塊地，建議充分了解不同季節的風向及土地方位，才能做出準確的判斷。

夏天吹西南風，牧場異味易飄散至住宅。
但冬天吹東北風，就不會有異味。

Questions 016

想買山上的土地蓋房子，但聽說最好不要選順向坡的土地，什麼是順向坡？怎麼看呢？

「順向坡」指的就是岩層與山坡的傾斜方向為一致的現象，容易經過風雨沖刷後造成順向滑動，引發崩塌。

山坡地在經歷了雨水、河流，以及湖泊的長年沖刷下，或是人為的開挖填土後，位於順向坡的土地很容易發生滑動，造成崩塌的意外。像是88風災小林村的事件，還有汐止的林肯大郡也是屬於此案例。因此購屋時可拍照寄到建築師公會全聯會、水土保持技師公會、水利技師公會等機構，請專業技師進行勘驗判定。

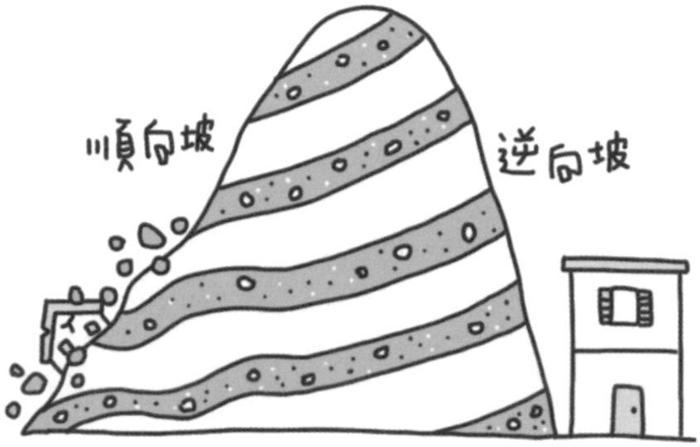

Questions 017

如何避免買到土石流區的危險土地呢？

可上行政院農委會水土保持局的「土石流防災資訊網」（246.swcb.gov.tw）查詢。

所謂的「土石流」，是指泥、砂石、礫石及巨石等和水混合後，受到重力作用的影響，沿著斜坡或河道、溝渠等路徑，由高處流到低處的自然現象。經歷雨水強力沖刷後，容易造成危害。

全台灣有超過1500條的土石流分布區，因此行政院農委會水土保持局製作了「土石流防災資訊網」（246.swcb.gov.tw），以供民眾查詢，並提供即時線上警訊。在選地前，不妨可以先上網查詢。

Tips

查詢土石流潛勢地區

Step 1 進入土石流防災資訊網（246.swcb.gov.tw）

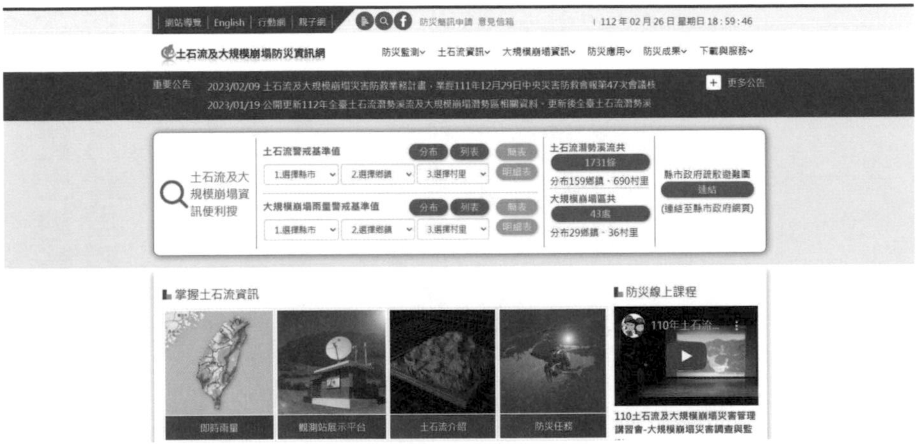

Step 2 點選「土石流資訊」→ 「土石流潛勢溪流」再選擇地址，就能查到附近是否有土石流的潛在危險。

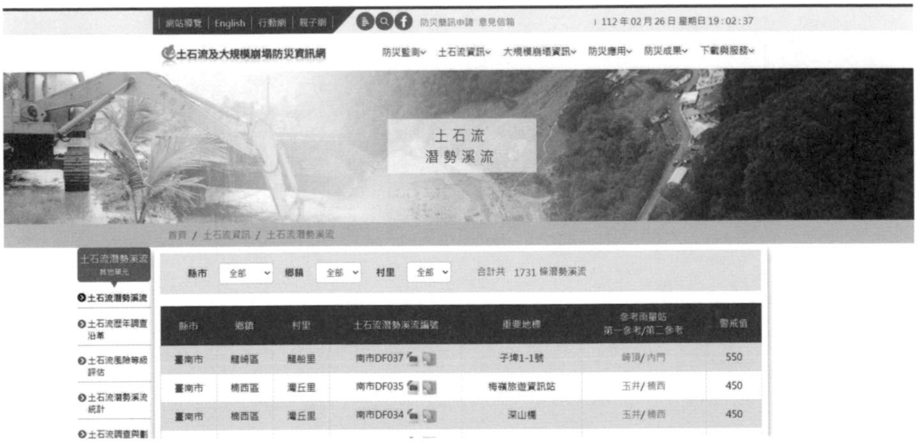

Questions 018 我們想在沿海買土地蓋房子，在選地時要注意什麼事情呢？

台灣四面環海，除了海風吹蝕外，還有鹽分的侵蝕，較容易導致建材氧化生鏽，靠近沿海興建的房子幾乎每年都必須花錢維修，是必須思考的問題。

由於，近年來沿海地區因為地層下陷問題嚴重，因此建議若想要在沿海買地建房要三思。目前有「地層下陷防治資訊網」（http://www.lsprc.ncku.edu.tw/zh-tw），建議親自到現場了解該筆土地的實際狀況，或向鄰居多方打聽消息，確認該筆土地過去的使用狀況，查詢是否曾發生過地層下陷的問題。

同時，若向地政機關調閱的地籍謄本，其中使用地類別是「空白」，則要特別注意，該處是否為禁止填土的低窪地，若是，則不宜蓋屋。

Questions 019 魚塭地適合蓋屋嗎？在蓋屋前是否要做些地質測量或補強措施？

可以蓋屋。但買地前，可向四周的鄰居詢問過往的使用狀況，或是觀察周遭土地蓋屋的情形。

魚塭地通常位於非都市計畫區內，若其使用地類別為農牧用地，即可依照農業發展條例的規定，興建農舍或蓋農業設施。而土質狀況須待開挖後才能確認，因此在購買前，建議要調查清楚周遭的土地狀況，通常附近的地質不會相差太遠，可詢問鄰居地質的情形，或是蓋房過程。

若地質出現局部不穩定狀態，可以局部補強，或增設擋土牆。若大部分土質過於鬆軟，可加入混凝土補強。委託專業建築師規劃，在安全上才不會有疑慮。

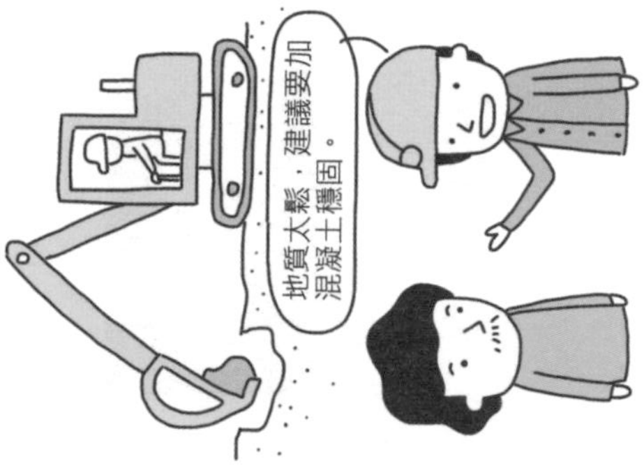

Questions
020

最近看了一塊山坡地很喜歡，但會不會有防盜或道路坍方的問題呢？

選擇經過良善規劃的社區型山坡地可降低危險。

住在山上，的確可以享受與世無爭的悠閒鄉居生活，若購買山坡地蓋屋，附近沒有鄰居，就必須考慮到安全與防盜問題，雖然台灣治安良好，但小偷還是不少，若能選擇社區型的山坡地，至少有門禁管理，附近鄰居還可彼此守望相助，對未來居住安全會比較有保障。

另外，買山坡地蓋屋，不論社區型或單筆土地，還是得考慮交通狀況，許多山坡地只有產業道路，雖蓋屋區塊坡度不超過30度，可興建農舍，但通往該地的道路如果太過陡峭或為落石區，出入時會有安全疑慮，則必須審慎考慮。

最好選擇依地形規劃，不大量挖土、填方的土地，若該區完全沒有樹，長滿芒草，很可能是經過大規模整地，必須特別小心。此外，若山坡地上的樹，已傾斜，很可能有土石崩塌的危險，也必須慎思。

Questions 021

台灣屬於地震活躍的地方，如何避免買到地震帶上的土地呢？

可利用國立中央大學應用地質研究所的「台灣活斷層查詢系統」（gis.geo.ncu.edu.tw/act/actq.htm）查詢是否位於地震帶上。

由於台灣的地層常因為地震造成崩山、地滑、土壤液化與承載力不足的現象乃至於地層下陷的問題。因此在選地時，最好能避開位於地震帶的危險地區。

Tips 查詢斷層帶

Step 1 進入「台灣活斷層查詢系統」→輸入「所在縣市的座標」→「選擇與活斷層套疊之圖層」，點選欲套疊的圖層→按下「確定」鍵

台灣活斷層查詢系統	
選擇與活斷層套疊之圖層	輸入場址座標
□台灣輪廓圖層	
■台灣鄉鎮界圖層	
■台灣省縣市界圖層	
■地震密集帶	

Step 2 檢視所在區域的斷層分布。

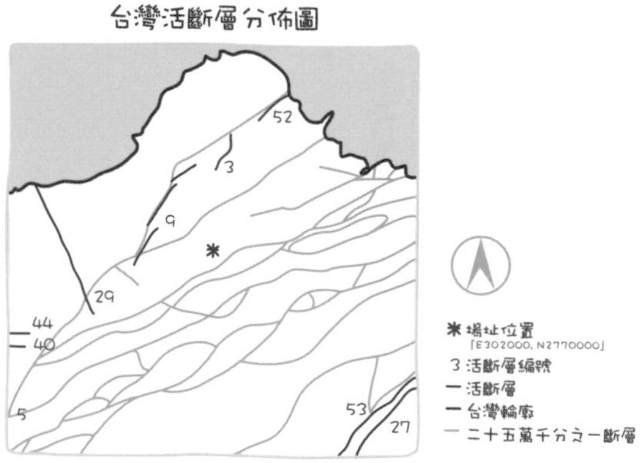

Questions 022

買了地才發現周遭沒有電線桿，這樣會不會沒電可用？

可向台灣電力公司申請架設電線桿，或是牽電線。

住宅若無電可用，對現代人來說的確是一大困擾。不論山坡地、農地或建地，原本沒電可用，蓋屋前必須向台電申請臨時用電，但若該區偏僻到連一支電線桿都沒有，包括請電、申請電表及架設電桿等費用，金額可能不少，有時甚至高達十餘萬，建議先詢問台電或熟悉流程的水電工程行，以免費用超過自己可支付的額度，還不如購買有電可用的土地。

Questions 023

如何避免買農地，卻沒有連外道路的糾紛與問題？

購買前，可觀察是否已鋪設公有道路，已有既成道路，比較不會有問題。

購買農地前，最好向地政單位調閱該筆土地的相關產權資料、地目分類、地籍圖等資料，確認可使用項目及實際面積。另外，可向所在地農會探詢該筆農地現況，並向附近鄰居多方詢問，避免發生問題。建議可先觀察是否已鋪設公有道路（產業道路、縣道等），若已鋪設則不會發生問題。但若是出入的道路為私人土地，則必須要先和地主溝通是否能借道通行，並立下契約以保障自身權益。

我家就在裡面，
這條路可以借我
們通行嗎？
沒問題。

Questions 024

重劃區土地增值空間大，附近雖有公車到，但班次少，出入都要開車，我應該買嗎？

先釐清自己買地、蓋屋的用途，再考慮交通是否會影響出入不便。

每個人買地需求不同，究竟要買在都會區、馬路邊，還是山邊、海邊人煙稀少處，端看個人喜好。作為退休住宅、度假屋，還是自住，選擇的條件差異很大。若是自住的話，需要考慮家庭成員的需求，若家中有小孩，有就學需求；或有老人，有就醫需求，便利的交通，將成為重要評估因素。許多重劃區因仍在發展中，交通不是很方便，但有些人買地考慮的是未來增值的可能性，若自己可開車，家人也無需頻繁搭乘公共交通工具出入，未來附近的交通還會有改善空間，例如預定會增設捷運或其他公共交通的可能性，還是可以考慮購買。

另外，若是作為民宿之用，交通不便的地方，遊客難以前往。生活機能不足之處，對於需要採買、補充日用品的民宿來說，也會增加經營的成本，因此建議想要買地蓋民宿或開店使用的人，最好將交通條件與生活便利列為考慮的重點。

交通便利性Check List

項目	內容	備註
交通時間	・步行＿＿＿＿分鐘 ・腳踏車＿＿＿＿分鐘 ・公車＿＿＿＿分鐘 ・捷運＿＿＿＿分鐘 ・火車＿＿＿＿分鐘 ・自行開車＿＿＿分鐘	在買地時可實際查看，或是詢問仲介相關交通狀況。
班車時刻	早班＿＿點＿＿分 末班＿＿點＿＿分	有些地區的大眾運輸班次較少，在購買前要確認清楚。
交通費	來回＿＿＿＿元／月	

Questions 025

朋友介紹一塊位於機場航道附近的土地，容易有噪音，這樣可以買嗎？

若是需要寧靜生活的人，就不適合買來蓋屋。

機場航道附近的土地，噪音的確比其他地方來得高，因此許多機場附近的住戶，每年都會獲得一筆補償費，用於裝設隔音窗或空調，加強隔絕噪音的干擾。若不是很在意噪音，的確可以選擇這樣的土地作為自地自建的基地，但是若非常怕吵的人，就不適合買來蓋屋。

另外，還有在交流道、高架橋附近的土地，也容易產生噪音問題。尤其車流量大的交流道或高架橋，噪音分貝更高，長久下來，會影響居住者的聽力。若非得在交流道、高架橋附近買地蓋屋，必須做足氣密隔音設計。但缺點是大部分時間都得緊閉門窗，相對地會影響到房子的通風、散熱與空氣品質，對人體健康也有一定程度的影響。

Questions 026

看中一塊便宜的山坡地，但附近有高壓電塔，不知是否會影響家人健康？

買地蓋屋，最好考慮附近是否會出現嫌惡設施。若有疑慮，建議重新考慮為佳。

一般人認定的嫌惡設施包括高壓電塔、變電廠、垃圾焚化爐、墳墓、殯儀館、牧場等，都屬於較差的環境條件，買下位於這些設施附近的土地，地價相對會比較便宜，但若考慮健康、風水、心理因素以及未來轉手的增值空間等問題，建議還是盡量避免。

PLUS 1

找地、蓋屋的實際流程

買地蓋屋時實際過程究竟有哪些，什麼時機該做什麼，一向是最讓人一頭霧水的。因此在事前需先搞懂自地自建的流程，避免疏忽遺漏。

實際流程	應做計畫	執行內容
蓋屋前的準備 準備期	**情報收集**	利用網站、各報章雜誌蒐集房屋建造、土地情報等相關知識。
	資金儲備	一般土地貸款最高可貸到六成五，資金籌備需根據自己的年收入和儲蓄妥善規劃，且將蓋屋、室內裝修費用估算在內。
找地買地 6 個月至 1 年以上	**買地的管道**	都市計畫內建地，可透過網站、不動產經紀業者、報紙廣告尋找；農地可透過各地農會的農地銀行洽詢；法拍地則可透過法院公佈欄、法拍代辦業者網站與定期刊物查詢；國有土地釋出，可查詢國有財產局網站公告。
	看地的注意事項	平原區不要與鄰居分隔太遠，要注意防盜的問題。臨海是否容易受到漲潮、颱風等天然危害。山坡地要查清楚是否為土石流高危險區。

下訂買地

過戶登記手續，程序約一個月。

1簽約、用印：準備身分證、印章、簽約金。

2貸款：準備土地登記謄本、地籍圖，貸款人薪資證明、所得稅扣繳憑單或營利事業登記證、理財存摺封面與最近一年交易記錄等。

3鑑界：請賣方委請地政事務所鑑界（NT.4,000元／筆）。

4交地、過戶：準備土地所有權狀正本、印鑑證明、買賣雙方身分證明、土地所有權狀、完稅證明（若為農地需檢附農地作農業使用證明），到地政事務所辦理過戶。

規劃設計圖

6個月至1年以上

找合適的建築師或營造商

可依自身需求，尋找2～3家分別詢價和設計，選擇最適合自己的建築師事務所。未簽約不會拿到設計圖，但有的建築師事務所只做設計，依設計圖或依個案酌收設計費，部分建築師事務所依照設計、監造、建照申請等服務，收取不同費用。

與事務所會談

與建築師或營造商進行多次會談，完整傳達對房屋的需求和想望。

契約訂定

訂定契約。若是與建築師簽約，需確認是重點監造，還是派員駐點監造。

設計圖規劃

進行來回設計修改，並確認最終圖面，列出所需費用。確認後可開始著手申請建照。

興建申請

1至3個月以上

申請建照前的注意事項

1農地：申請建照前，農地持有人需拿到「無農舍證明」，並申請「農業用地作農業使用證明」。

2山坡地：申請建照前，須先請水保技師勘查，經水土保持計畫審查通過，核發水保證明才能使用。

申請建造執照

建照申請流程屬各地方政府單行法規，可向各縣市政府建築管理單位查詢。過程約需1～3個月不等。

整地或拆除

清除土地雜草、碎石，若原基地上有房屋，則另需拆除。地上物拆除，需先申請執照，若未申請而被舉發，將受罰，且需補申請。

基礎工事
（建築本體）

依木構造、RC（鋼筋混凝土）、SS（鋼構）、SRC（鋼骨鋼筋混凝土）、加強磚造等不同建築形式、結構、工法之不同，建築程序各異。

施工
6個月至1年以上

監工檢查

建築師在監造過程中會確認營建廠商是否按圖、依照既定程序與進度施工，並配合建築管理機關抽驗。

室內裝潢設計

建築設計時即可將室內設計考慮進去，即使另找室內設計師規劃，最好能在設計階段與建築師協調，才能避免不必要的二次施工。

完工
1至3個月以上

完工檢查

房屋建造完成，請建築師或其他第三者來檢查。

使用執照申請

使用執照申請，屬地方政府單行法規，需備妥相關證明文件，向建築管理單位申請，過程包含現場會勘等程序，約20天左右。

入居
1個月

保存登記後入住

辦理第一次房屋登記，需備妥門牌編定證明、房屋稅、繳納水電證明，因此須先申請門牌、正式水電，繳納水電費、房屋稅。此外，還需準備建物設籍之戶籍謄本、申請人身分證明〈身分證影本、戶口名簿影本或戶籍謄本〉。若建物所有權人非土地所有權人，則需檢附土地所有權人的同意書及印鑑證明。

PLUS

2 土地及周遭環境條件Check List

買地前，除了要瞭解土地的地籍資料、使用分區之外，還需依自身需求考量交通、生活機能、水電配線等條件。以下列出土地條件和周遭環境的Check List，幫助屋主挑出最適合的土地。

1 土地條件 Check List

地址		地號	
地目	□建 □農 □旱 □林 □牧 □原	登記面積	________坪
所有權	□一人 □多人	實測面積	________坪
都市計畫區 使用分區	□住宅區 □商業區 □農業區	都市計畫區 使用地類別 （僅列出住宅區）	□住一 □住二 □住二之一 □住二之二 □住三 □住三之一 □住三之二 □住四 □住四之一
非都市計畫區 使用分區	□特定農業區 □一般農業區 □山坡地保育區	非都市計畫區 使用地類別	□甲種建地 □乙種建地 □丙種建地 □農牧用地 □林業用地
建蔽率	________% （土地面積 × 建地率＝建築基地）	容積率	________% （土地面積 × 容積率＝可蓋的總坪數）
建築線	□有 □無	其他限制	□有（ ） □無
聯外道路 所有權	□公有 □私有 （所有者： ）	道路寬度	________m
水	□自來水 □地下水 □井水	瓦斯	□有 □無
電	□有 □無		

2 周遭環境 Check List

項目	內容
有無噪音、空氣污染、惡臭等	・噪音 □無 □普通 □吵雜 ・空氣污染 □無 □普通 □不好 ・惡臭 □無 □普通 □不好 其它：
街道等其它周遭環境	・公園 □有 □無 ・河堤 □有 □無
治安、防災等安全性	・治安評價 □良 □普通 □不好 ・防災措施 □良 □普通 □不好

3 生活便利性 Check List

項目	內容
購物便利性 （是否有超商、市場等）	□徒步 □腳踏車 □開車 □公車 距離＿＿＿＿＿＿m 所需時間＿＿＿＿＿＿分
醫療設施	□綜合醫院 □診所 □其它 距離＿＿＿＿＿＿m 所需時間＿＿＿＿＿＿分
金融機構	□郵局 □＿＿＿＿＿＿銀行
行政單位	區公所： □徒步 □腳踏車 □開車 □公車 距離＿＿＿＿＿＿m 所需時間＿＿＿＿＿＿分 警察局： □徒步 □腳踏車 □開車 □巴士 距離＿＿＿＿＿＿m 所需時間＿＿＿＿＿＿分

4 教育環境 Check List

項目	內容
育幼設施	□托兒所 □幼稚園
中、小學通車狀況	學區 距離＿＿＿＿＿＿m 所需時間＿＿＿＿＿＿分 □徒步 □腳踏車 □開車 □巴士
學校教育環境	校風＿＿＿＿＿＿ 學校氣氛＿＿＿＿＿＿ 升學狀況＿＿＿＿＿＿

Step 2

蓋房蓋到一半，最怕錢不夠用，教你做好妥善的資金計畫。

Point1 買地蓋房的資金配比和可能花費

Point2 購地、建屋貸款的條件

+Plus 找地、蓋屋的費用整理

錢不夠啊……只好扣掉你和孩子的零用錢，來節省開支了。
營造費
土地費

Questions 027

想要買地蓋房子，自備款總共要準備多少才夠？

買地蓋房都需要用到現金，但不可能完全都能負擔，因此要先考量可以貸款多少，有哪些貸款的管道，再評比自己的還款能力，才能估算需準備多少的自備款。

從買土地和蓋房兩個階段來看。買地時，可申請「土建融資」，為了避免土地被炒作，通常土地貸款成數較低，最高只能貸到65％。但由於自地自建中途放棄的機率較高，因此願意承作的銀行也較少，因此建議可找常有往來的銀行，較有機會順利貸到。但要注意的是，貸款的基準金額需以銀行鑑價的結果為準，而非實際的購地金額，通常會再差個10～20％左右。因此若你想買500萬的土地，銀行鑑價為450萬，以可貸款的最高成數來算：450萬×65％＝292.5萬。再包含代書費、仲介費，所以購地時，至少需準備一半以上的自備款才夠。

再從蓋屋費用來看，蓋屋初期是無法貸款的，因為銀行為了避免蓋到一半停工的狀況，通常需蓋完建築本體後（非毛胚屋），才可向銀行辦理「房屋貸款」，因此必須準備足夠資金才能蓋。若原本就有房子，可利用舊房子貸款，向親友借款，或選擇優惠的消費性貸款（但利率會較高），等新屋蓋好後，取得使用執照，做了保存登記後，就可向銀行申請貸款，但貸款成數會依個人信用及房屋條件而有差異，建議至少需準備三成自備款。

	土地資金	蓋屋資金
自備款	35~50%	30~40%
貸款	50~65%	60~70%

買地蓋屋費
雜費（含規和稅收等）
代書費
設計費
土地費用
建造費用

Questions 028

自家剛好有一塊土地在爸爸名下，我想拿來蓋房子，爸爸願意用贈與的方式給我，轉移的過程要準備什麼文件，相關的花費為何？

一般來說，贈與不動產（房屋及土地）會產生三種稅：「贈與稅」、「土地增值稅」與「房屋契稅」。

贈與稅為兩等親內的贈與才需繳稅，是由贈與者繳交，可上財政部稅務入口網（www.etax.nat.gov.tw），進入「線上稅務試算／簡易估算國稅稅額／贈與稅試算」，先行估算欲繳納的金額。

但若土地為「農地」，可免徵贈與稅，但受贈人需在5年內都持續耕種作物且不得移轉，否則會被追繳贈與稅。

而土地增值稅與房屋契稅（若有地上物才需繳納）則由受贈者繳交。由於贈與並非「出售」。因此，不能適用出售自用住宅土地的10％低稅率繳稅。子女受贈土地後，土地增值稅適用稅率為最低20％，最高40％。

以父母贈予兒女為例

項目	支付者	辦理機關	備註
贈與稅	贈與者（父母）	國稅局	若為農地，可免徵收贈與稅，但受以下條件限制：受贈人自受贈之日起五年內，須繼續耕作且不能移轉，否則追繳原該繳之贈與稅款。
土地增值稅	受贈人（兒女）	稅捐處	
房屋契稅	受贈人（兒女）	鄉鎮市公所 地政機關	

申請贈與過戶的應備文件

1 土地登記申請書（地政事務所出售或下載）
2 土地贈與所有權移轉契約書正副本（有地上物，須另附建物贈與所有權移轉契約書正副本）
3 所有權狀正本
4 申請人身分證明
5 義務人印鑑證明
6 土地增值稅繳（免）納稅證明
7 契稅繳（免）納稅證明書
8 贈與稅繳（免）納稅證明書正本、影本各一份
9 其他依法律規定應提出之證明文件

Questions 029

想要確認土地範圍，鑑界的費用是多少？誰來支付呢？

通常鑑界費由賣方支出，每筆土地為NT.4,000元（一個地號為一筆土地）。若是找代書代辦還要加服務費。

在土地買賣正式簽約前，為確保地界範圍，建議請賣方先行鑑界，這是在買賣過戶前必須要先釐清的條件，以避免發生土地佔用糾紛。

申請鑑界時，建議將「關係地號」，也就是相鄰土地的地號一併填寫，地政事務所會發通知函給相鄰土地的持有者，通知他們鑑界當天到場。鑑界當天買方、賣方和相鄰地主三方都確認土地邊界後，這樣較能降低土地糾紛發生的問題。通常申請後，約莫15天之內就會派地政測量人員前往鑑界。

土地界標

Questions 030

擔心土地買賣了，有什麼方法可以查到平均的地價嗎？

透過實價登錄查詢，或是詢問當地的土地仲介。

目前有不動產實價登錄的機制。「內政部不動產交易實價查詢服務網」（https://lvr.land.moi.gov.tw），選擇買賣查詢，輸入欲查詢的縣市地段，就能知道鄰近土地的價格。

Questions 031

請地政士（代書）辦理土地買賣，費用大約是多少？還有哪些額外費用需支付？

代書費用依各區不一，約在NT.7,000～12,000元左右。另外，若委託簽約、土地登記需另外再支付代辦費用。

除了土地費用，請代書處理土地買賣，還須給付代書費，金額依委託代辦事項及不同地區定價不一，約在NT.7,000～12,000元左右。有些地區為買、賣雙方各付一半，但也有些地方由買方支付。其中若委託代書簽約、登記費用，簽約金約：NT.1,500～2,000元／筆；土地登記：約NT.5,500元／筆，委託代辦貸款，費用另計，約NT.4,000元上下。此外，買方還需支付買賣的印花稅（土地公告現值的千分之一），以及地政事務所登記規費：土地申報地價的千分之一。而一旦不動產的買賣交易成功，皆規定需上網登錄實際交易價格。若委託代書代辦，約NT.2,000～3,000元／案。

項目	金額	支付者
代書費	約NT.7,000～12,000元	各地區不同，約有以下模式： 1 買方全額支付 2 買賣雙方各付一半
簽約金	NT.1,500～2,000元／筆	買方
土地登記	約NT.5,500元／筆 院轄市：NT.7,000元／筆，每增1筆土地加收25%。	買方
印花稅	土地公告現值×0.1%	買方
土地移轉規費	土地申報地價×0.1%	買方

Questions 032

若找不動產經紀人買地，需給付幾%介紹費？

最高只能向買賣雙方收取實際成交金額6%的費用，通常行情約1～2%。

依照內政部89年5月2日公布修正的不動產仲介業報酬計收標準規定，「不動產經紀業或經紀人員經營仲介業務者，其向買賣或租賃之一方或雙方收取報酬之總額合計不得超過該不動產實際成交價金百分之六或一個半月之租金。」意即最高只能向買賣雙方收取實際成交金額6%的費用，一般土地仲介行情約在成交總值1～2%之間，因成交金額大多很難收到6%。因此，有些公司向賣方收取4%，向買方收取1%，但各不動產經紀業者收費比例不一，因此還是必須多方詢問。

Questions 033

自地自建，建築師的設計費怎麼計算？一般付費的期數如何計算？

以大型建案的標準來說，建築師費用含設計、申請建照與重點監造（不派員駐點）費用，依不同地區收費標準不一，約為總工程款3.5～11%。

詳細的收費標準，可參考中華民國全國建築師公會網站（www.naa.org.tw）的「建築師酬金標準」，但若針對小型建案，各建築師事務所的費用和付費期數不一，建議多方洽詢。

建築師酬金標準參考，以「一般建築※」為例：

	酬金百分率		
各縣市建築工會	總工程費 NT.300 萬元以下	總工程費 NT.300 ～ 1,500 萬元以下	總工程費 NT.1,500 ～ 6,000 萬元以下
台北市、新北市、宜蘭縣、基隆市、桃園縣、苗栗縣、彰化縣、高雄市、屏東縣、台南市、台東縣、花蓮縣、嘉義市、福建金門馬祖地區	總工程款的 6.5 ～ 9%	總工程款的 5.5 ～ 9%	總工程款的 5 ～ 9%
台中市、台南市、新竹縣（市）、南投縣、雲林縣、嘉義縣	總工程款的 5.5 ～ 9%	總工程款的 4.5 ～ 9%	總工程款的 4 ～ 9%

以上資料整理出自：中華民國全國建築師公會網站（www.naa.org.tw）
本表僅為參考之用，詳細費用請洽各家建築事務所。
※一般建築包含簡易倉庫、普通工廠、四層以下集合住宅、店鋪、教室、宿舍、農業水產建築物，以及其他類似建築物。

Questions 034

圖面設計完成後，一定要鑽探地質嗎？鑽探費用怎麼算？

建議若有足夠預算，一定要鑽探地質，以免開挖後，會增加後續費用。通常鑽探費用會依面積、鑽孔數以及施工的難易度而不同，約為數萬元不等。

可透過建築師，找專業地質鑽探公司進行，費用也需由起造人（通常為屋主）自己支付，通常需數萬元不等。若不想花這麼多錢，也可向專業地質鑽探公司購買臨近土地的地質狀況圖作為參考依據，費用則為數千元。

一般鑽探地質，最少要鑽兩孔，才能測出地質面貌，若想測得更精密，可依自己的預算，再增加孔數。

若不做鑽探，可能在開挖地基途中，遇到需要增加工程費用的情況。舉例來說，若地質是飽滿地下水的地層，原本2台的抽水馬達，就需要加到5台，便增加了工程費用。並且還需要重新估測抽取的速度和時間，以免抽得太快，使周遭地層下陷，造成鄰棟建築物損壞，導致需支付賠償，就得不償失了。

Questions 035

買山坡地蓋屋是否需要先整地，會有哪些可能的費用？

不論在山坡地、農田等，在蓋屋之前都需要整地，此處以山坡地的整地為例，約略會產生以下的費用如下：

1 測量費：建築師正式設計前，需要到現場測量勘查，瞭解周遭環境的相對位置和實際數值，因此可能還得支付測量費用（含地界、地上物與高程測量費用）。

2 水土保持計劃費用：在整地之前，政府為了確保山坡地從規劃至執行皆能合理開發利用，必須先提出「水土保持計畫」，通常可請水保技師申請。水土保持計畫分為兩種：

①大型水土保持計畫：像是建商或開發商開發範圍大，通常需提出大型水土保持計畫，得花費約NT.60萬左右，甚至上百萬。

②簡易水土保持申請書：一般自地自建者所持有的土地範圍小，只需要請水保技師提出「簡易水保申請」，大約花費NT.10萬元左右。但要注意的是，目前都還只是提出申請規劃的費用，並未包含後續的施工。

3 水土保持回饋金：水土保持計畫提出後，還需繳交水土保持回饋金給當地主管機關，金額約為「當期土地公告現值×計劃中土地面積×6～12％」（比例以當地主管機關規定為準）。水土保持回饋金的用途在於造林工作，以加強山坡地森林保育。另外提醒一下，在山坡地在整地前，最好請水保技師規劃後，再依其設計整地，否則會產生重複的整地費用，形同浪費。

申請簡易水土保持流程

準備申請書（一式六份）

▼

送至各縣市農業處水土保持科（或山坡地保育科）

▼

審核

▼

核准通過

▼

繳交水土保持回饋金

▼

取得簡易水土保持申報書之核定函

▼

向農業處水土保持科（或山坡地保育科）申請開工（期限為申請通過後一年）

▼

施工檢查

▼

申報完工

▼

完工檢查

Questions 036

建築師說申請建照前要向公會掛號，因此必須預繳費用給當地的建築師公會，真的嗎？

是真的，需預繳建築設計費的70%。

申請建造執照時，須向當地建築師公會掛號審核，並且預繳建築設計費的70%，申請通過後會退還。藉此替建築審查把關，通常這筆費用需由起造人預先支付。

Questions 037

買地後想蓋屋，卻被要求要申請建築線，申請建築線約需花多少錢？

申請費用依該筆土地所臨的道路多寡不一，約為NT. 20,000～30,000元左右（包含測量和規費）。

「建築線」為建築基地與都市計畫道路間的境界線。這是為了使建築物與道路間保有一定空間，同時讓每棟建築物皆齊平，使街容整齊，有效維護都市空間的品質。

申請建造執照之前必須先指定建築線，可向當地縣市的城鄉發展課或測量課申請，退縮的距離則是依據該縣市頒佈的都市計畫，大部分都退縮3.5～4公尺左右。建築線可委託建築師代為申請測量。

一般需要指定建築線的土地都位於都市計畫區內，都市計畫區外的農地或建地，通常都不需指定建築線。不過在購地前，還是事先詢問較佳。

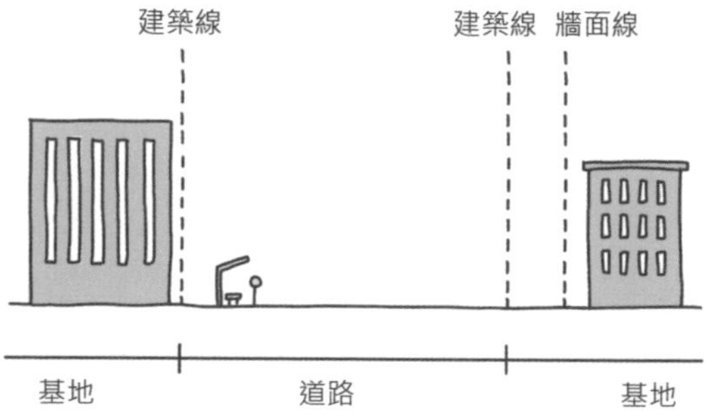

Questions 038

我的土地周邊無電可用，想要開始蓋屋需要用電，申請需要付多少費用？

在準備蓋屋前，若有需要可申請「臨時用電」，若土地為農地時，則可先申請「農業用電」。臨時用電的基本費用約為NT.3,300元。

申請用電全程必須透過合格電氣承裝業（也就是合格的水電工程行）向台電申請，不能自行申請。若臨近沒有電線桿，就需重新架設，每支電線桿的費用也須自付。包括請電、申請電表及架設電桿等費用，所有施工費用全額自付，依台電設計線路及施工單價計費，需給付金額不一，有時甚至高達十餘萬。

另外，申請臨時電會加收保證金，廢止用電後退還，不過各區的收費標準不一，建議先詢問台電或熟悉流程的水電工程行。

臨時用電應備文件

1 建照影本
2 起造人身分證影本
3 地籍圖及平面圖
4 申請人聯絡電話及住址
5 保證金或保證戶擇一

Questions 039

不同的建築形式，會影響不同的建築價格，那我平均一坪要抓多少的建造費才夠？

實際的建造費，需視建築形式、選用建材等級、面積、樓層等條件而定，有些建築公司會提供模組化樣本，單坪造價有可能更低，但樣式就比較固定。

一般住宅多常用鋼構、輕鋼構、鋼筋混凝土和木構造的建築，依照不同的建築設計、造型、材質等級，價格其實無法一概而論。若造型越特殊，需要做特製加工；鋼筋、混凝土或結構木材選用的等級越高，這些情況都會讓造價隨之增加。

各建築構造的單坪造價參考如表：

建築形式	價格帶
鋼構	1坪NT. 6～9萬元起（無特殊設計的5層以下建築）
輕鋼構	1坪NT. 5.5萬元起（無特殊設計的5層以下建築）
鋼筋混凝土	1坪NT. 5～8萬元起（無特殊設計的5層以下建築）
木構造	1坪NT. 6.5萬元起（2×4工法的木構造）

※以上價格僅供參考之用，實際價格依建築造型、材質等而有所不同。

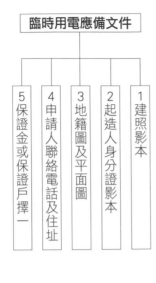

Questions 040

若原本無自來水管線，是否可申請自來水，費用多少？

自來水接管，可向自來水公司申請，建議請合格的水電行申請水表，通常約需給付NT.8,000～12,000元。

有些人購買的農地，鄰戶已申請自來水錶，但卻不願分享外管，此時可能需直接接主幹管，自來水公司會依管徑、供水的水壓等做判斷，是否可從主幹管接管。但距離較長，費用也會較高。

請合格的水電行申請水表，費用多為NT.8,000～12,000元左右，基本工料費用4公尺以內以4公尺計，分為PVC、不鏽鋼管，超過4公尺另依實際施工費用計算，通常需現場估價。除接管費用外，在裝設水管時需挖開路面，因此還需支付「路面修復費用」，每戶可能需花費超過上萬元。

最後要提醒的是，臨時用水的水費比一般用水來得高，依規定需加收總水費的50％。

用戶申（新）裝自來水之外線工程費

為 PVC 管、不鏽鋼管 4 公尺以內，以 4 公尺計算之基本工料費。

（新）裝自來水之外線工程費		
新裝工程費	PVC 管	不鏽鋼管
口徑 20 毫米	7,920 元	32,471 元
口徑 25 毫米	9,666 元	38,649 元
口徑 40 毫米	13,858 元	60,640 元

申請流程

受理申請（1 天）
▼
內線試壓檢驗（4 天）　用戶外線設計（4 天）
▼
通知申請人繳款（即辦）
▼
申請人繳納工程款
▼
申請挖路許可（即辦）——可能需負擔「路面修復費用」
▼
許可挖路工程施工（8 天）
▼
決算（2 天）
▼
申請啟用
▼
裝表

※資料來源：
台灣自來水公司（www.water.gov.tw）

申請臨時用水需備齊的文件：

1用水設備工程申請書及消費性用水服務契約。
2申請人（用水人）身分證影本及簽章。
3建築執照或工程契約封面。
4申請位置圖（原則以地籍圖套繪）。
5啟用申請書。
6繳交臨時用水保證金或附清繳水費保證書（本項可於啟用前補辦）。
7外線如有經過他人土地，需附同意書或切結書。

Questions 041 營造費用要如何給付，是否有一定標準？付款的時間點為何？

蓋屋時，營造費在簽約時會先支付簽約金，之後依工程進度分為多次付款。

通常建議最後需預留5～10％保固尾款，在領到使用執照後給付。建築師陳俊廷建議，因為許多機電設備、管線等的保固期可能為1～3年不等，因此給付尾款的同時，最好簽訂保固書，以免營造商在保固期未截止前，就不負維護保固責任。

Questions 042 位於都市計畫內的新建物，未外接汙水下水道，若想申請接管，是否需支付額外費用？

家戶汙水排放管線工程若在私領域內則由用戶負責，若在公領域，則無需付費。

政府目前正積極推動公共汙水下水道建設，下水道接管的工程，目前均由各地方政府衛生下水道工程單位負責。依照衛生下水道法規定，家戶汙水排放管線工程若在私領域內則由用戶負責，若在公領域，則無需付費。

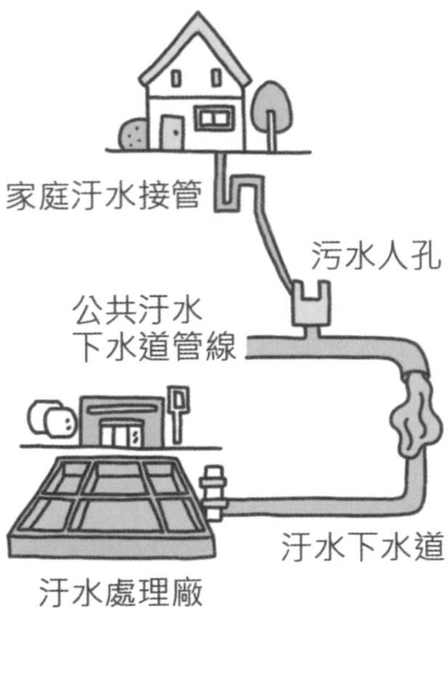

6個月內動工。之所以會設下層層關卡，最主要的原因，是要避免一般人藉貸款之便，炒作土地。另外，銀行鑑價的金額多以土地公告為準，可上網查詢自身土地現值。

Questions 043

聽說購地有土地貸款可申請，哪些銀行可申請？最多可貸多少百分比？

一般土地融資最高可借貸土地鑑價後的65%。

雖然依照中央銀行99年12月31日實施的「中央銀行對金融機構辦理土地抵押貸款及特定地區購屋貸款業務規定」，自然人（即個人）所購買的土地，若為都市計畫內之住宅區或商業區土地，可以此為擔保，向金融機構申請貸款，條件是「須檢附具體興建計畫」。至於貸款額度，「最高不能超過抵押土地取得成本與金融機構鑑價金額較低者的六點五成」，其中一成還得等到借款人動工興建後才會撥貸。

目前一般銀行都有土地融資的項目，但主要還是針對建商，個人幾乎很難向銀行申請到土地貸款，一般以土地銀行的承作機率較高。若是買農地的，可向農會、信用合作社等洽詢，可貸款的機率較高。

以合作金庫為例，土地融資最高可貸款到60%，但營業單位並沒有核貸權限，必須交由區域中心或總行審核，貸款人除了得有詳細興建計畫，且必須在

土地公告現值查詢

Step 1 進入內政部地政司全球資訊網（www.land.moi.gov.tw）

Step 2 進入「線上服務→線上查詢→公告土地現值及地價查詢」，點選土地的所在縣市

Step 3 填入段名、地號、欲查詢的年度資料

公告土地現值及公告地價	
段小段名	縣市區域 -OO- 路名
地號	OOO-OOO
基期類型	■當期資料 □所有歷年資料 □指定歷年資料

Questions 044

自地自建除了土地貸款外，還有哪些較優惠貸款可利用？可以請地政士幫忙申請嗎？

除了土地貸款外，銀行通常會提供一般消費性貸款，但消費性貸款利率比房屋貸款高，且可貸款的額度，依個人條件不一，最重要的還是看還款能力。

若貸款人任職的公司為前 500 大企業，或為軍、公教人員，會有較優惠的貸款條件，並檢附有利的相關財力證明，核貸的可能性會比較高。此外，目前銀行申請貸款時，通常會先用電腦過件，若借款人曾有不良的信用紀錄（例如信用卡延遲繳款），則會影響銀行核貸的意願，必須特別注意。因此，若貸款人原本與該銀行有密切往來，且信用記錄良好，貸款成功的機率也會比較高，甚至可能獲得較優惠的貸款利率與比較有利的還款條件。

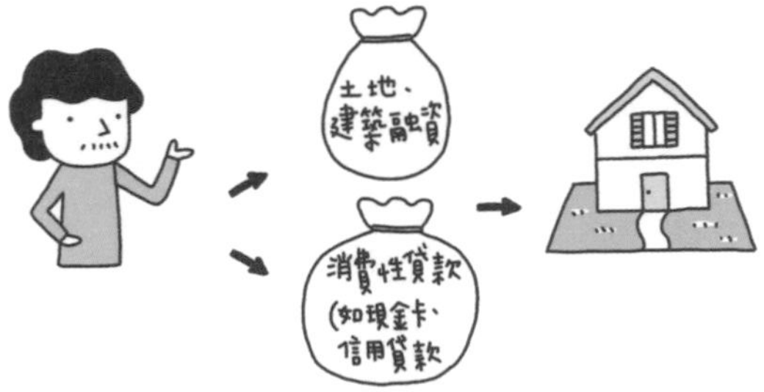

若無法長時間和農會或銀行來回協調申貸作業，可請地政士、不動產經紀人幫忙申請貸款，但會酌收代辦費，至於銀行貸款的相關規費，也需自付。

Questions 045

各農會貸款條件是否不同？還是有統一規定？

各農會會針對申請貸款的農地所在區域、面積、借款人的還款能力等各項條件，提供不同的貸款利率與成數，因此必須親自到各農會所設的農地銀行詢問相關條件。

農地貸款不一定要在自己購買的農地所在地農會貸款，任何一個農會都可申請，若只是在意貸款成數與利率，可選擇對自己條件最有利的農會貸款，但若考慮未來蓋屋後，在該農地從事農業種植等輔導的便利性，建議選擇農地所在地的農會貸款。有些農會針對產銷班推出優惠貸款，建議未來打算從農者，加入適合的產銷班，可取得較低利的貸款。

Questions 046

為何不容易向一般銀行申請土建融貸款呢？在申請土地或建築融資要準備哪些文件？

需準備土地所有權狀、建造執照、個人的財力證明（收入扣繳憑單、資產證明、定存單等）

通常土地融資和建築融資可以一起申辦，申請土地融資後，需在六個月內取得建照，若一年內都未動工，則會回收貸款。這項規定是政府避免申請人假借建造之名，實則買地養地。

而通常較難向一般銀行申請通過土融或建融的原因在於，自地自建建造完成的機率不大，容易中途停工，再加上避免有人養地。銀行為了防止放款收不回來，審核條件都較嚴格，通常是以土地銀行、合作金庫或農會較常辦理土建融的貸款。除非是經常往來的銀行，且有良好信用證明和還款能力，一般銀行才會受理。

申請土地或建築融資的應備文件如下（各銀行略有不同，可洽詢各家銀行規定）：

1地價證明。

2地籍圖、平面圖。

3土地所有權狀。

4土地謄本。

5分區使用證明（視承辦銀行要求）。

6建造執照：不一定要在申請土地融資前取得，但需在申請土融後的六個月內拿到。

7財力證明：收入扣繳憑單、薪資轉帳存本、定存單等其他的資產證明。

Questions 047

買農地是否只能找農會貸款？在農會貸款有什麼條件限制？

農地的土地貸款除了可向農會申請之外，也可在一般銀行申請，但可貸款的機率較低。

雖然目前銀行較少承作個人的土地貸款，但若購買的是農地，最好選擇自己平常有往來的銀行，且有良好信用。部分商業銀行還是可以貸款，可向當地不動產經紀人，或地政士洽詢可能核貸的銀行。

目前各農會都設有農地銀行，專門協助辦理農地貸款相關事宜，雖未限制必須在農地所在的農會申請貸款，但找在地農會申請，會更了解該筆農地狀況。一旦農地過戶後，必須加入農會成為會員。加入會員後，透過農會協助，可以更了解蓋農舍的相關規定。

此外，農會的貸款成數，一般來說大約在5～6成左右，因此建議想要買地蓋屋，購地資金，至少需準備五成的自備款會比較保險。

農會
農地申貸
1 一般人皆可申請
2 建議在所在土地的縣市農會申請較佳
3 可貸款成數在5～6成
櫃台

Questions 048

我目前有土地，但資金已經不夠蓋房子，有什麼貸款可以申請呢？

可向銀行或農會申請建築融資。

在承作土地融資時，銀行或農會會建議一起申請建築融資。所謂建築融資是提供營建階段的資金，最高可貸到營建計畫書中的總工程費用50％。

建築融資通常會依照工程進度撥款，其撥款的期數和時間依各家銀行和農會訂定，撥款前會有銀行或農會人員前往工地確認工程進度是否達到目標。

要注意的是，由於建築融資是無擔保的貸款，利率會比土地融資高。而且營建途中若是追加費用時，銀行貸款是難以再追加申貸費用的。

建築融資應備文件

1 建造執照
2 營建計畫書：包含工程總費用估價單及明細表，以及施工項目如結構、樓高等。
3 施工圖面
4 財力證明

Questions 049

自地自建，房子蓋好後，是否可申請房屋貸款，可以貸款多少？

可以。房屋辦理保存登記後，才可向銀行申請房屋貸款，成數依各家銀行和農會不一，一般可貸到70%左右。

當房子蓋好，取得使用執照，並辦理保存登記後，才能申請房屋貸款。若之前已申請土地、建築融資，就可以向同一銀行申請轉貸為房屋貸款。至於貸款的成數，則會因為該建築物所在基地的條件、建築物的坪數、房屋的價值，以及申請貸款者的信用條件而有差異。一般來說，大約可貸到七成左右，因此建議至少需準備三成的自備款會比較好。

Questions 050

我的房子已經接近完成，想提早申請房屋貸款，但是卻被銀行退回，說毛胚屋不符條件，這是為什麼呢？

可能是毛胚屋的施工未達可申請使用執照，就直接向銀行申請房貸而被退回。

一般來說，向銀行申請房屋貸款時，房屋必須先拿到使用執照，並向當地的地政機關申請保存登記。欲拿到使用執照，房屋施工的完成度需和當初申請建照的施工圖相同。接著，在申請地政機關辦理保存登記，保存登記意為建物所有權的登記，屬於非強制性，有申請才會核發建物的所有權狀，其意義在於確保自身產權以及辦理房屋貸款。因此可能是施工完成度未達可申請使用執照和保存登記的階段，就直接向銀行申請房屋貸款，這樣的情況就會被銀行退回。

Questions 051

我想用農舍貸款獲取原有農舍增建的資金，這樣可以申請嗎？

若原有的農舍有合法申請建照興建，且已辦理保存登記，就可向銀行申請房屋貸款。

要注意的是，很多農舍並沒有依法申請建照，也沒有使用執照，這樣的狀況銀行無法核貸。此外，有些農舍雖取得使用執照，卻未辦理保存登記，銀行也不會核貸，這點必須特別注意。

已辦理保存登記的農舍，另外還有地上物包括農業資材室、果樹等農作物，這些地上物在購地時，賣方都一併算進購地的價格中，但銀行評估貸款額度時，除了有保存登記的農舍之外，其他地上物的價值均不包含在估價範圍內。

銀行評估房屋貸款時，
農作物的價值不列入估價範圍

Questions 052

新蓋的房子已申請到使用證明，聽朋友說保險公司也可申請房貸，條件如何？

除房屋貸款外，也可依個人保險的保單價值準備金申請保單貸款，但利率通常比當初購買保險契約簽定時的利率稍高，建議可以向自己投保的保險公司詢問。

申請到使用執照之後的房子，就可以申請房屋貸款，除了商業銀行之外，保險公司的確也有針對保戶承做房屋貸款，前提必須是該公司的保戶，至於貸款利率，則以保險公司當時訂定的房貸利率為準。

PLUS 3

找地、蓋屋的費用整理

除了購地資金、蓋屋的建築材料費及室內裝修費用之外，還有許多規費與支出是不能忽略的，事前一定要弄清楚會有哪些花費，免得真的開始蓋屋後，卻發現有許多預料外的支出，導致預算不足。

1 **蓋屋前的準備**可能花費

· **書報雜誌**

購買報章雜誌、相關書籍的費用。

· **貸款**

土地貸款最多只有五成，購地資金至少需有五成自備款。

2 **找地買地**可能花費

· **土地費用**

可參考各縣市公告地價估算費用，一般來說，公告地價約等於市價的 40% ∽ 80% 左右，但各地區有極大差異，建議多方詢價、比較。

· **仲介費**

目前土地仲介費大約以不超過土地價格的 6%為限，但各地方與不動產經紀人所需仲介費不一，建議多方比較。

· **地政士代辦費**

地政士執行業務費依委託代辦事項及各地定價不一：約 NT.7,000 ～ 12,000 元，有些地區完全由買方支付，宜蘭、屏東地區為買、賣雙方各付一半，其中簽約金約為：NT.2,000 元／筆；土地登記：約 NT.5,500 元／筆（院轄市：NT.7,000 元／筆，每增 1 筆土地加收 25%。

· **申請規費**

地政事務所登記規費：土地申報地價的千分之一。

買賣印花稅：土地公告現值的千分之一。

3 **規劃設計圖**可能花費

· **測量費**

建築設計前需進行地界、地上物及高程（坡度）等土地測量，費用依人員、工時、機具及土地條件，收費不一。

· **地質鑽探費**

若在建築前有必要確認地質狀況，可能會請專業地質鑽探公司進行地質鑽探，費用依面積、鑽孔數、與施工難易度而不同，約數萬元。

· **指定建築線**

房屋申請建造之前，需先向當地都市計畫相關主管單位申請指定建築線，依所臨道路之多寡費用不一，約為數萬元。

· **建築公會掛號**

申請建照前，需先掛號送交當地建築公會審核，並預繳建築設計費的 7 成給公會，建照審核通過後退還，這費用需由起造人預先支付。

· **設計費**

若只單純做設計而不含監造，各建築師事務所收費標準不一，有些依設計圖收費，但也有以整筆設計費計算，詳細費用，需洽詢各建築師事務所。

· **監造費**

建築師費用含設計、申請建照與重點監造（不派員駐點），依不同地區收費標準不一，約為總工程款 3.5 ～ 11%。詳細收費標準，可參考中華民國全國建築師公會網站的「建築師酬金標準」，或向各建築師事務所洽詢。

4 興建申請可能花費

・**水土保持計劃審查費**

山坡地若超過一定面積，需提出水土保持計畫，通過審查才能申請建照。審查費標準，可參考行政院農業委員會水土保持局網站民國 93 年 6 月 30 日公布的水土保持法第十四條之一第一項。

・**山坡地開發利用回饋金**

提出水土保持計畫須繳交山坡地開發利用回饋金，費用依當地主管機關規定，以水土保持計畫開發面積乘以當期土地公告現值 6 ～ 12%不等。

・**申請規費**

依建築法第 28 條規定，直轄市、縣（市）（局）主管建築機關核發執照時，應依左列規定，向建築物之起造人或所有人收取規費或工本費：

1 建造執照及雜項執照：按建築物造價或雜項工作物造價收取千分之一以下之規費。如有變更設計時，應按變更部分收取千分之一以下之規費。

2 使用執照：收取執照工本費。

3 拆除執照：免費發給。

5 施工可能花費

・**整地費**

收費標準不一，依施工的天數、人員、機具、清運等項目分別計費，不同地區及土地條件也會有差異。

・**拆除費**

收費標準不一，依施工天數、人員、機具、清運等項目分別計費，不同地區及土地條件也會有差異。

・**營建費**

依不同建築設計、建材、施工方法，費用不一，依工程進度分數期收費。

6 完工可能花費

・**營建尾款支付**

依彼此簽訂的合約，給付工程尾款。

・**申請規費**

使用執照：依各地方政府規定繳交工本費。

7 入居可能花費

・**保存登記：**

依建物的權利價值，繳納登記費千分之二。

・**搬家費**

依搬家距離、車子承載容量，費用不一。

Step 3

避開觸法地雷，帶你瞭解買地蓋屋法規。

Point1 各種購地限制和法令

Point2 產權轉移、地目變更的相關法令

Point3 建造房屋的法令限制

這個問題可以這樣解決……
關於土地分割……
有很多稅要繳嗎？

Questions 053

聽說有的土地不能蓋房子，要如何確認土地是否可以蓋房子呢？

可以調閱土地的地籍謄本，確認「使用分區」和「使用地類別」是否可以蓋房。

地籍謄本上標示建或農的「地目」（土地的可使用用途），是最簡單的判別依據。所謂的「地目」乃是日治時期留下來的分類，但最好還是看「使用分區」與「使用地類別」這兩個欄位，判斷會更精準。一般的土地使用分區，會依照「都市計畫區」和「非都市計畫區」而有所差別。

若以可以蓋住宅來說：

1 都市計畫區內：「住宅區」、「商業區」可蓋一般住宅，「農業區」則可興建農舍。

2 非都市計畫區：若標示為農業區或保護區者，即屬農業用地。若農地的土地謄本，使用地類別的欄位為空白，很可能是被劃入都市計畫區，可向都市計劃課查詢預設的用途。其中「使用地類別」若為「甲、乙、丙種建築用地」可直接興建住宅；「農業用地」和「林業用地」一般來說可興建農舍，但還是要依照其縣市的都市計畫規定，能否蓋農舍也未必可知。

地籍謄本標示說明

地目：為日治時期當時的土地使用狀況。目前無法全然依照地目來判別能否蓋房。

土地登記 第二類謄本	
土地標示部	
登記日期：00 年 00 月 00 日	登記原因：總登記
地目：建	面積：800 平方公尺
使用分區：山坡地保育區	使用地類別：丙種建築用地
民國 102 年 1 月　公告土地現值　000 元／平方公尺	
其他登記事項：空白	

使用分區：為了使土地獲得更有效率的規劃，依照環境和用途分區。此範例的「使用分區」寫明為山坡地保育區，也就是俗稱的山坡地。但是，山坡地有很多種，包含了農地、林地，甚至是國有保護區；每種類別對開發的規範標準不同。若使用分區為「空白」，表示為都市計畫區之內的用地。

使用地類別：界定土地的使用用途。可開發（含蓋屋）的丙種建地，其建蔽率與容積率則視所在地縣市政府的規定。

都市計畫區

使用分區

1. 住宅區
2. 商業區
3. 工業區
4. 行政區
5. 文教區
6. 體育教育區
7. 風景區
8. 保存區
9. 保護區
10. 農業區
11. 其他使用區：必要時得劃定特定專用區

非都市計畫區

使用分區

1. 特定農業區
2. 一般農業區
3. 工業區
4. 鄉村區
5. 森林區
6. 山坡地保育區
7. 風景區
8. 國家公園區
9. 河川區
10. 海域區
11. 其他使用區或特定專用區

使用地類別

1. 甲種建築用地
2. 乙種建築用地
3. 丙種建築用地
4. 丁種建築用地
5. 農牧用地
6. 林業用地
7. 養殖用地
8. 鹽業用地
9. 礦業用地
10. 窯業用地
11. 交通用地
12. 水利用地
13. 遊憩用地
14. 古蹟保存用地
15. 生態保護用地
16. 國土保安用地
17. 殯葬用地
18. 海域用地
19. 特定目的事業用地

※若欲申請土地使用分區證明書，可向都市計畫主管機關申請，或上網查詢、取得「地政電子謄本」。電子或紙本謄本以張計費，一張 NT. 20 元；電傳以每人每筆 NT. 10 元計費。

可洽詢參考網站：

1 HiNet 地政服務 www.land.nat.gov.tw

2 縣市政府的工務局、都市計劃或土地使用分區方面的網站

3 各地方的地政事務所網站

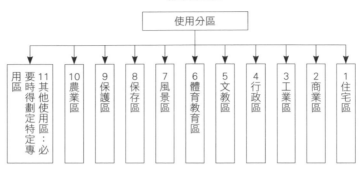

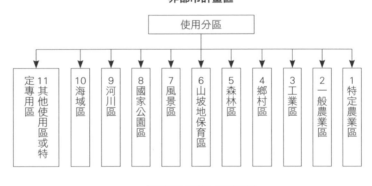

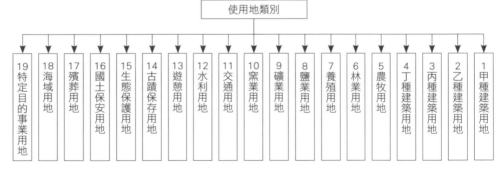

Questions 054

如果買都市計畫內的建地，一定可以蓋房子嗎？要注意什麼問題？

依照使用分區分辨是否能蓋房，都市計畫區內只有「住宅區」、「商業區」才能蓋一般住宅。

「建地」指的是地籍謄本上的地目項目，但是否可蓋屋，須看這塊地的使用分區及土地使用要點，可在各縣市的主管機關（都市發展局、處或城鄉發展局網站上查詢。

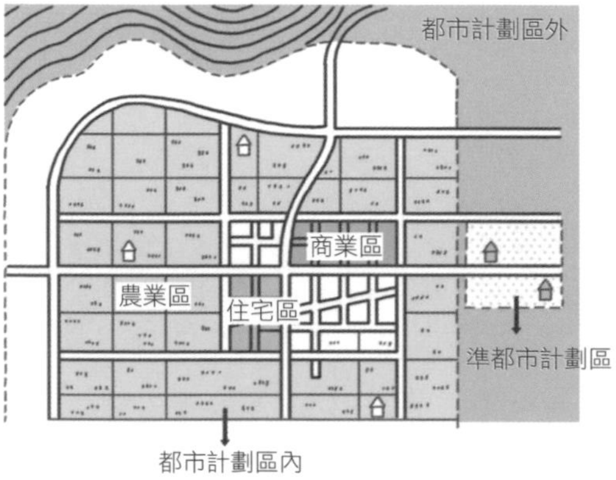

一般來說，「住宅區」、「商業區」可興建一般住宅，「農業區」則依照農業發展使用條例可興建農舍。

而蓋屋的相關規定，則需符合內政部營建署建築法規的規定，包括土地面積是否達最小建築面積，是否臨建築線（都市計畫區內，若不臨建築線即無法申請建照）等。

Questions 055

非都市計畫用地的建地還分甲、乙、丙、丁四種，這四種有何差異，是否都可蓋自宅？

甲、乙、丙種建築用地都可以蓋一般住宅。丁種建地為興建工業廠房之用，蓋一般住宅是違法的。

一般非都市計畫的土地會先劃分使用分區，再編定使用地類別。分區包括特定農業、一般農業、工業、鄉村等11種分區。使用地類別則分為為甲種建地、乙種建地、丙種建地、丁種建地、農牧、林業等19種類別。

而甲種建地為農業區內的建地，乙種為鄉村區的建地，丙種為森林區、山坡地保育區及風景區的建地，丁種為工業區的建地。

而四種不同的建地，最大影響在於建蔽率與容積率，不同的建地有不同蓋屋標準。

非都市計畫的土地使用分區

各使用分區對於土地使用各有不同的限制，在選地蓋屋時需先瞭解清楚。

使用分區	內容
1 特定農業區	優良農地或曾經投資建設重大農業改良設施，經會同農業主管機關認為必須加以特別保護而劃定者。
2 一般農業區	特定農業區以外供農業使用之土地。
3 工業區	為促進工業整體發展，會同有關機關劃定者。
4 鄉村區	為調和、改善農村居住與生產環境及配合政府興建住宅社區政策之需要，會同有關機關劃定者。
5 森林區	為保育利用森林資源，並維護生態平衡及涵養水源，依森林法等有關法規，會同有關機關劃定者。
6 山坡地保育區	為保護自然生態資源、景觀、環境，與防治沖蝕、崩塌、地滑、土石流失等地質災害，及涵養水源等水土保育，依有關法規，會同有關機關劃定者。
7 風景區	為維護自然景觀，改善國民康樂遊憩環境，依有關法規，會同有關機關劃定者。
8 國家公園區	為保護國家特有之自然風景、史蹟、野生物及其棲息地，並供國民育樂及研究，依國家公園法劃定者。
9 河川區	為保護水道、確保河防安全及水流宣洩，依水利法等有關法規，會同有關機關劃定者。
10 海域區	為促進海域資源與土地之保育及永續合理利用，防治海域災害及環境破壞，依有關法規及實際用海需要劃定者。
11 其他使用區或特定專用區	為利各目的事業推動業務之實際需要，依有關法規，會同有關機關劃定並註明其用途者。

非都市計畫的使用地類別

甲、乙、丙種建地可作為住宅建地。（1～3）

丁種建地只能興建工業用廠房等。（4）

可申請興建農舍。（5～6）

使用類別	內容
1 甲種建築用地	供山坡地範圍外之農業區內建築使用者。
2 乙種建築用地	供鄉村區內建築使用者。
3 丙種建築用地	供森林區、山坡地保育區、風景區及山坡地範圍之農業區內建築使用者。
4 丁種建築用地	供工廠及有關工業設施建築使用者。
5 農牧用地	供農牧生產及其設施使用者。
6 林業用地	供營林及其設施使用者。
7 養殖用地	供水產養殖及其設施使用者。
8 鹽業用地	供製鹽及其設施使用者。
9 礦業用地	供礦業實際使用者。
10 窯業用地	供磚瓦製造及其設施使用者。
11 交通用地	供鐵路、公路、捷運系統、港埠、空運、氣象、郵政、電信等及其設施使用者。
12 水利用地	供水利及其設施使用者。
13 遊憩用地	供國民遊憩使用者。
14 古蹟保存用地	供保存古蹟使用者。
15 生態保護用地	供保護生態使用者。
16 國土保安用地	供國土保安使用者。
17 殯葬用地	供殯葬設施使用者。
18 海域用地	供各類用海及其設施使用者。
19 特定目的事業用地	供各種特定目的之事業使用者。

Questions 056

什麼是畸零地？畸零地可以蓋房子嗎？

畸零地是在建築法規中，未達最小建築面積的土地，規定是不可蓋房的。

根據《建築法》裡的定義，「畸零地」指的是建築基地面積狹小，或基地界線與建築線之斜交角度不足60度或超過120度。凡是建築基地面積畸零狹小到不合規定，或是與鄰接土地協議調整地形或合併使用之後，仍無法達到最小面積之寬度及深度者，都不可以蓋房子。

各地的直轄市、縣市政府都有《畸零地使用自治條例》，會視當地實際情形，來規定建築基地最小面積的寬度及深度。可逕向各縣市的都市發展局、建設局等機關單位洽詢。

台中市畸零地最小面積：

以台中市的「一般建築用地」來看，因此若土地在住宅區，其基地面路的路寬為6公尺者，寬度有5公尺、深度11公尺，由於深度未達最低標準12公尺，因此不可申請蓋房。

基地情形（公尺）＼使用分區		住宅區	商業區	風景區	工業區	其他使用分區
正面路寬7公尺以下	最小寬度	3公尺	3.5公尺	6公尺	7公尺	3.5公尺
	最小深度	12公尺	11公尺	20公尺	16公尺	12公尺
正面路寬超過7～15公尺	最小寬度	3.5公尺	4公尺	6公尺	7公尺	4公尺
	最小深度	14公尺	15公尺	20公尺	16公尺	16公尺
正面路寬超過15～25公尺	最小寬度	4公尺	4.5公尺	6公尺	7公尺	4.5公尺
	最小深度	16公尺	15公尺	20公尺	16公尺	17公尺
正面路寬超過25公尺	最小寬度	4公尺	4.5公尺	6公尺	7公尺	4.5公尺
	最小深度	16公尺	18公尺	20公尺	16公尺	18公尺

Questions 057

買山坡地蓋房子有什麼要注意的呢？

需注意是否為公有或私有土地，公有土地不得買賣。另外，地質結構不良、地層破碎或順向坡有滑動之虞，以及坡度超過30度的山坡地，都不能蓋房子。

由於政府對山地買賣有一些法令限制，並不是每塊地都可以自由買賣。通常山地可分為兩大類：公有及私有土地。公有土地為政府機構所有，不能買賣。但有些公有土地是可承租來種植果菜、茶樹、林牧等，欲知詳情可向國有財產局詢問公有土地相關租賃辦法。

私有土地可分為原住民保留地，限原住民持有，及政府放領土地，可自由買賣。想了解土地為公有或私有，到土地所在的地政事務所調閱地籍資料即可得知。

另外，地質結構不良、地層破碎、坡度超過30度或位於順向坡的山坡地，都不能蓋房子。建議買地之前，找信任的專家協助確認，或目前已經可以上經濟部中央地質調查所網站的地質資料整合查詢平台（gis3.moeacgs.gov.tw），查詢到臨近地區地相關地質資料。

Questions 058

地籍謄本中除土地使用分區，還有「地目」，這對蓋屋有影響嗎？

地籍謄本資料中的地目，是各縣市區域計畫法施行前的舊資料，可能會有部分影響。

地籍謄本上的「地目」仍有許多隱藏問題，例如：都市計劃用地農業區中的農地，地目為「溜」。雖然乍看是位於農業區，可申請農舍。但其地目是「溜」，若想申請建造執照有可能無法通過。這是因為溜地為水利用地，灌溉功能若仍存在，就不能蓋屋。若已廢除，則需申請廢「溜」，才能蓋屋，這部分須向水利機關查詢確認。

因此，在購買土地前，在地目、使用分區和使用地類別若有疑慮，建議先調查清楚為佳。

Point 1 各種購地限制和法令

Questions 059

我買了地後才發現是被列為禁建的土地，這有辦法解套嗎？查看地籍謄本看得出來嗎？

雖然土地為私有地、亦可自由買賣，但一旦被列為禁建或限建的土地，就無法蓋屋。若在重劃區的禁、限建土地，會於地籍謄本註明。

通常禁建會有一段年限的限制。因此買地之前務必了解是否為禁、限建土地，例如：在水利地、國家公園、軍事地、氣象雷達站……等範圍內，建議最好先請專業的不動產經紀業者代為查閱。

Questions 060

聽說申請蓋農舍的規定有更改，是什麼狀況？另外，還有聽說可採用「老農配建」的方式蓋屋，是真的嗎？

自 2015 年 9 月 4 日起，申請興建農舍者，需滿足下列三項條件之一，需有農民資格、參加農保或全民健保第三類被保險人。

為了避免農舍興建過於氾濫，內政部於 2015 年 9 月 4 日公布新版的《農業用地興建農舍辦法》，申請興建農舍者，需加強認定農民資格和身份，將有三種人可申請興建。第一種為有心從農，且有農業生產相關佐證資料；第二種為參加農保的農民；第三種則是全民健康保險第三類被保險人者，即為農會或水利會會員，或年滿十五歲以上實際從事農業工作者。因此，若想興建農舍，需具備農民身份才行，以達到農地農用的目的。

另外，所謂的「老農配建」是指在 2000 年 1 月 28 日施行的《農業發展條例規定》之前，持有農地的自耕農，俗稱為「老農」，由於不受新版的農發條例規範，可享有小面積蓋農舍的條件。只要農地面積達兩百坪，就可蓋一間樓地板總面積 20～85（20+25+30）坪的農舍。

但若向老農所買的農地上原本就已有農舍，其興建時間點為 2000 年 1 月 28 日之前，申請增建時若仍以原地主之名，則不受農業發展條例限制。但若申請增建或改建者為 89 年 1 月 28 日後購地的新地主，則需受農業發展條例限制，不僅須在該地設籍兩年才能申請建照，且其增建面積不能超過可興建面積（農地的十分之一）。

因此，有些人不想等待兩年之久，而找老農的土地來興建或改建。要注意的是買賣雙方必須簽訂合約，並在合約內附註預告登記與抵押權設立，避免原地主將土地賣給第三方，或是在蓋房子途中遇到地主過世，土地繼承給子女而反悔變賣土地的情形。

興蓋農舍資格

法源：《農業用地興建農舍辦法》，民國 104 年 9 月 4 日發佈施行。

項目	申請人資格
誰可以申請蓋農舍	農民健康保險被保險人。意即參加農保的農民
	全民健康保險第三類被保險人。意即農會及水利會會員，或年滿十五歲以上實際從事農業工作者；或無一定雇主或自營作業而參加漁會為甲類會員，或年滿十五歲以上實際從事漁業工作者
	一般自然人。有心從農，並有農業生產相關佐證資料者，需經主管機關會同專家、學者會勘後認定。

※ 要注意的是，此規範為針對農地「興建」資格。關於農地「買賣、移轉」資格，則交由《農業發展條例》修法處理，目前已提出草案，但仍尚待立法院審議，建議讀者進一步查詢最新法規。

Questions 061

如何確定我看中的這塊農地有無受到套繪管制？

地籍謄本備註欄內如已加註「已申請農舍」字樣，就表示這塊地無法再作為其他用途。

地籍謄本未必能看出這塊土地先前是否有申請過農舍或被套繪管制。這時，就得去地方政府的建管單位，如鄉鎮公所建設課，申請「無套繪管制」的證明或查證。

套繪管制是鄉鎮公所核發的，管制單位則是縣政府。有的鄉鎮公所可直接提供這項證明，有的則需到縣政府申請。若兩邊都有資料的話，要以縣政府核發的為準。申請時，只要帶著地籍謄本及重測（重劃）前的地號資料即可申請。如果該筆土地有經過農地重劃，地號、地段必定會重新命名；因此，得找出舊地號與新地號，同時呈給管理單位查詢。

※ 地號、地段查詢：地政司的「地籍圖資網路便民服務系統」（easymap.land.moi.gov.tw）可查詢地籍圖。

Questions 062

如果買下的農地被劃入都市計畫保護區，還能蓋屋嗎？

可以申蓋農舍。但政府未來若有需要，會被強制徵收重劃，農舍會被拆除並予以補償。

若你買下農地之後，發現核發下來的地籍謄本上面地目欄位（土地使用類別）為空白，最好向地方政府的都市計畫課查詢是否已被劃入都市計劃保護區。欄位之所以空白，是因為被列入都市計畫區的農地現今還不確定隨著都市的發展會被調整為建地或道路用地。

這樣的農地還是可以申蓋農舍，且地價還可能因此水漲船高。不過，由於被劃入都市計畫的土地，若遇到政府以後若要闢建聯外道路，就會強制徵收、重劃，地上建物會被拆除。若該建物本來就是違建，就難以獲得國家賠償。

被政府徵收時，農地以市價計算，政府可能採取比例配發原地主建地。比如，四六分，意即地主被徵收100坪農地，政府會發給地主40坪建地。拆除建物也給予補償。建築物以估價師估算的市價來徵收。地主自行在徵收期限內拆除，可加發50％價金。新的RC建築，每坪可徵收到NT. 100,000元以上；結構註記為木造或鋼構者則低於每坪NT. 100,000元。不過，無論能拿到怎樣的賠償，這對新建農舍絕對都不划算。

Questions 063

都市計畫區內的農建地和農地有什麼不同？農建地蓋房子有什麼限制？

農建地為都市計畫實施後，將原本蓋有房舍的農地，就地更改地目為「建」，得不受農發條例的限制。

農建地上的建築物簷高不得超過14公尺，並以四層為限。

農建地的名詞，是因都市計畫施行前為農地，但已有房屋存在，因此在都市計劃實施後，將該筆土地的地目改為「建」，讓建築物所有權人可以合法使用、改建、新建或增建，但興建的房屋高度不能超過14公尺，且以四層為限，建蔽率不能超過60％，容積率不能超過180％，若就地改建、增建或拆除後新建，也須符合以上建築規定。詳細規範，可參考都市計畫法台灣省施行細則30條。

而都市計畫內的特定農業區、一般農業區、鄉村區、風景區、山坡地保育區、特定專用區、國家公園區的農牧用地、養殖用地，或森林區的農牧用地，均可興建農舍，其建築限制則受《農業發展條例》的規定，買農建地無法蓋屋的問題時有所聞，有時是因這筆土地在都市計畫發布後才將「田」、「旱」地目申請變更為「建」地目，因此無法蓋；或申請變更的證明文件上是蓋廠房而非住宅，因此無法申請建築執照。

建議購買都市計畫內農建地時，需確認地目變更時間點，以及當初建築物申請時是否為住宅。

農建地 VS 農地

項目	農建地	農地
土地使用分區	都市計畫內的農業區	都市計畫或非都市計畫的農業區
建蔽率／容積率	60%／180%	10%／150坪以內（總樓板面積）
興建最小基地限制	無	0.25公頃（約756坪）
興建限制	建築物簷高不得超過14公尺，並以四層為限。	建築物高度不得超過三層樓，並不得超過10.5公尺，最大基層建築面積不得超過330平方公尺。
申請興建的法令限制	一筆土地僅可申請一間農舍	1 興建農舍之申請人應為農民，且無自用農舍。 2 申請人的戶籍和土地需在同一縣市，且登記需滿兩年才可始建。 3 一筆土地僅可申請一間農舍。

Questions 064

我新買了一塊農地，卻被主管機關說是有套繪管制的，不能在上面蓋房子？為什麼？

套繪是以前舊法留下的限制。在民國89年1月28日之前申蓋農舍，得將所有權人名下的所有農地都納入套繪管制，基於一筆基地只能申請一戶農舍，套繪管制下的農地不得再興建農舍。

舉例來說：若王先生名下擁有甲、乙、丙3塊不同區域的地，每塊面積都足以申請蓋一棟農舍，在88年1月1日申請在甲地蓋農舍，在法律上這3塊土地將會合併套繪成一筆基地。

基於《農業發展條例》規定：「一筆基地只能申請一戶農舍」，有套繪管制的農地，無論面積大小，只要蓋了一棟農舍，其餘的乙地和丙地皆不能再蓋，即使土地後來分割、轉售，這項限制仍舊存在分割後的每一塊土地。

因此，當你買了王先生的乙地時，由於套繪管制的緣故，就無法再蓋房子了。其中，還有更複雜的狀況，如果你買下的土地是經過重劃的農地，該地的原有多位地主當中有人做了套繪的動作；那麼，你買的這塊地就也會被套繪管制住。當然，若前任地主是在民國89年之後才蓋農舍的，那也就不會有套繪的問題。

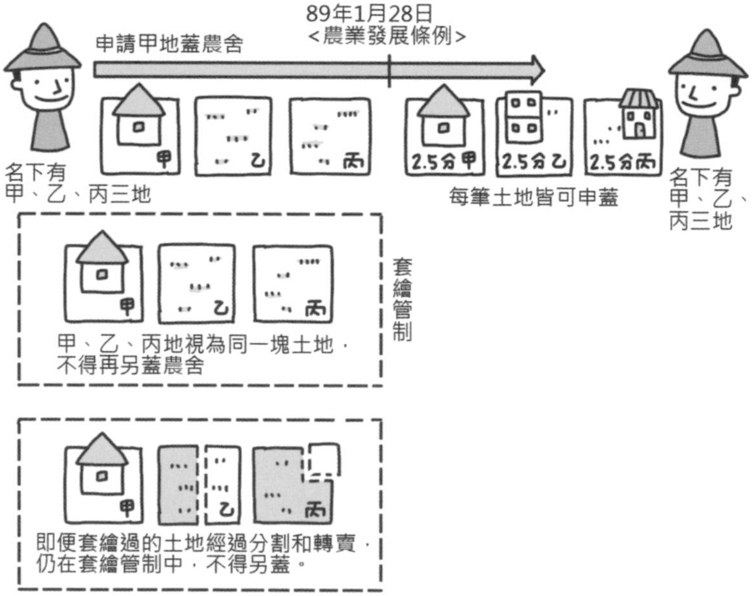
89年1月28日
<農業發展條例>
申請甲地蓋農舍
名下有
甲、乙、丙三地
甲
乙
丙
2.5分甲
2.5分乙
2.5分丙
每筆土地皆可申蓋
名下有
甲、乙、
丙三地
套繪管制
甲、乙、丙地視為同一塊土地，
不得再另蓋農舍
即便套繪過的土地經過分割和轉賣，
仍在套繪管制中，不得另蓋。

Questions 065

如何幫受到套繪管制的農地解套？

也許可利用「分割」的方式來解套。

解套辦法：

1請原地主辦理土地分割：原地主將原先農舍的建築執照及使用執照（若年代久遠，電號或水號也可協助）交由代書或建築師來辦理土地分割。

2確保分割面積：保留原先農舍所需的土地面積。再將其它土地分割出來，即可解套。跑完這程序約需一個月。

如果你買下的土地只有前任一個地主，事情還好辦；但若經過多手，甚至因為農地重劃後而打散重分配，或是原地主將套繪的多塊土地賣給不同人，你要找的原地主可就不只一位了。由於幫這種農地解套很麻煩。所以，有套繪和沒套繪的土地，兩者價差可達三成。

解除套繪所需文件：

1解除套繪管制說明書。

2解除套繪前後面積檢討計算表：說明分割前後的面積大小。若套繪的土地上蓋有農舍，應取得農舍所需的法定面積後再分割。

3套繪圖紙。

4同意書（申請案相關土地有其他所有人或為共有時檢附）：若有套繪的土地持有者為多人，需得到每個人的同意書才可申請。

5登記簿及地籍圖（申請案有關土地）。

6使用執照正本及影本。

7原使用執照圖說（含平、立面及面積計算表）。

8重劃土地分配對照清冊及重劃前（測）截錄土地登記簿。

9重劃土地分配清冊及製作土地關係系統表：申請案件若涉及重劃且共有土地交換分合關係較複雜之情形。

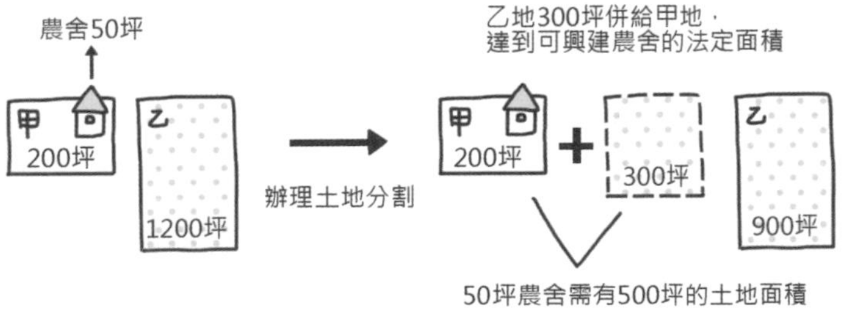

Questions 066 辦理土地過戶時，需準備哪些文件？

不管土地上是否含有建物，過戶土地的程序與應備的基本文件約如下。

1 買賣雙方準備身分證明：身分證或戶籍謄本、印鑑章與印鑑證明

2 賣方準備土地所有權狀。

3 賣方還可能需要提供土地增值稅繳納稅證明或免繳納證明（農地可免繳納土地增值稅），以及契稅繳（免）納稅證明書。

※非農林地的買賣，通常需要付土地增值稅。賣方至少要在轉移產權之前先向各區的國稅局繳納土地增值稅，約莫一週後可收到稅單；再帶著稅單到地政事務所辦理過戶。

※如為農地，賣方必須到鄉鎮區公所申請該筆土地的「作農業使用證明書」（有效期限半年），以免之後轉售或贈與時會被徵收此項稅款。

4 所有權移轉契約書（正副本）：可至地政事務所購買公契（每張NT. 80元）。然後買賣雙方到地政事務所辦理，填寫土地登記申請書並繳納各項規費。若文件齊全且資格無問題，順利的話約可花2～3個工作天即可完成過戶，買方就能拿到新的土地權狀。

倘若全程委託土地代書（地政士），買賣雙方可以不必到場；但必須簽署委託書，並將相關證明與文件交與代書，後者才有權利幫你處理這方面的事宜。

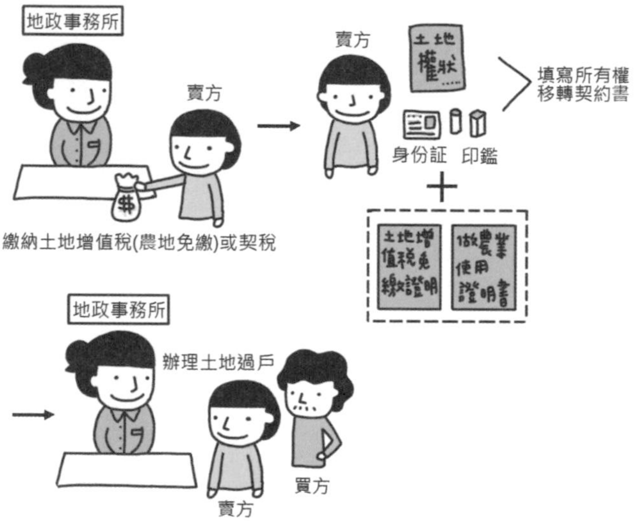

Questions 067

購買土地的程序為何？

確認土地權屬→簽約→用印→完稅→交地→稅費分攤

一般來說，在正式簽約買土地的當天，要再次確認土地的「身分」，也就是「土地謄本」，若有地上物的話，則還必須確認「建物謄本」，以防在過戶前，產權會有任何的異動。若先前這筆土地或土地上的建物有設定抵押，在簽約用印時，用印款要多過銀行借款，好讓地主清償他項權利設定而不至於影響過戶。

通常土地購買會分四次付款，分別是在簽約、用印、完稅、交地，也有人是簽約和用印時一起付款，詳細的付款比例和方式，可透過雙方代書協調。

土地購買程序

流程	付費期數	內容
確認土地權屬		決定買地時要看過土地謄本、建物謄本（如土地上已有建物）；簽約當天仍需再調閱土地及建物謄本（建議為12天內的最新版本），以防中途產權或借貸設定有異動。若土地為數人持分，需注意買賣是否經「全部的」持有人同意。
簽約	第一期	簽約金為總價的10～15%。賣方則將土地、建物所有權狀「正本」交由地政士保管。
用印	第二期	雙方備齊戶籍謄本、印鑑證明及印鑑章，由地政士辦過戶。不動產交款基本流程為訂金→用印→過戶→清償銀行與尾款。若先前這筆土地或土地上的建物有設定抵押，用印款要多過銀行借款，好讓地主清償他項權利設定而不至於影響過戶。
完稅	第三期	契稅和土地增值稅單發下來後，雙方須繳納稅款。
交地	尾款	尾款交付給賣方，賣方將房屋土地點交給買方。
稅費分攤		通常買方負擔契稅、代書費、登記規費、公證費、保險費、貸款代辦費；而地價稅（農地未有違規使用者免付）、房屋稅、水電瓦斯等在農舍交屋前應由賣方負責。

Questions 068

進行土地分割時，宜注意哪些事項？

分割後的面積皆須達法定的最小面積。若有違建的地上物，申請時有可能被駁回。

1 分割前，需先確認該筆土地除了建物之外的面積，是否達到法律規定的最小面積？

以農地來說，民國89年修訂的《農業發展條列》就規範了農地分割時的面積限制。又，根據《耕地分割執行要點》（內政部於民國89年7月19日頒訂）：

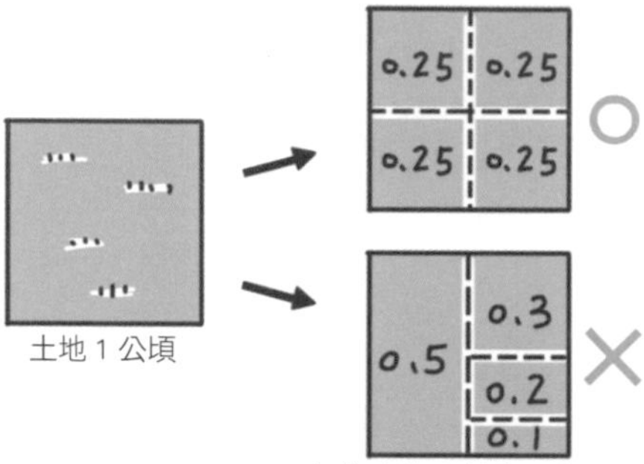

每筆土地分割後至少需達法定面積 0.25 公頃

「四、耕地之分割，除有本條例第十六條各款情形外，其分割後每人所有每宗耕地面積應在 0.25 公頃以上。」也就是說，分割後的農地不管要分成幾筆（或稱為宗），每筆面積至少都得有 0.25 公頃。

另外，土地上是否有建物，建物是否合法？若為違建，申請分割時可能被會被駁回，必須補請使用執照。

2 農地有無套繪？

若該筆農地先前設定了套繪，但在分割時沒有先解套；就會變成分割後的每塊土地也跟著被設定套繪，這就不能再蓋農舍了。

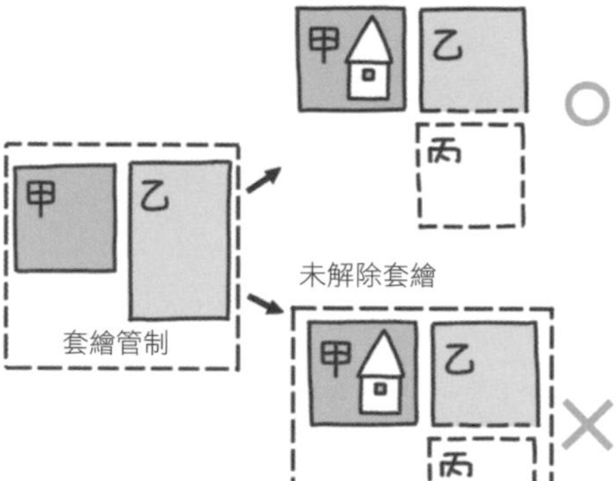
解除套繪
每筆土地皆達法定
面積 0.25 公頃
乙丙土地不可蓋房

3產權為獨有或共同持有？

單獨所有的土地，只要面積或地目吻合法規，分割時較無限制。比較需注意的是共同持分的土地！《土地法》與《地籍測量實施規則》明定，這樣的土地在進行分割時，必須經過全體共有人同意後才能辦理，也必須獲得每一位共同持分者的書面同意書。只要有一位不同意，就只能訴請法院判決。由於共有土地的分割手續繁瑣，建議委交給可信賴的地政士處理。

分持者皆需簽署土地分割同意書，使可申請

Questions 069

辦理土地過戶時，申請被駁回的常見原因主要有哪些？

通常是文件上的疏失造成駁回。

1文件不齊全

即使少了印鑑也都不行。

2文件過時

舉例來說，數十年前的地籍謄本就不適用。最好重新申請。

3資格不符

土地共同持分、土地已被設定或有抵押等問題，都會影響過戶。

4填錯資料

比如，在地政事務所繳交的土地登記書，裡面填寫的權利人必須填寫買賣以後的土地所有權人（買方），而不是照著買賣前的文件上寫的賣方。

Questions 070

我家的農地想更改成為建地，卻被說要土地進行分割後才能改，是真的嗎？

是有可能的，當農地變更地目為建地時，通常可能得進行土地分割。

農地若想變更為建地，通常要有被道路、水溝、建地、學校等包圍或突出處伸入鄰近建地內的狀況較易通過審核，可變更的面積約363坪以下。

都市計畫區內的農林地若登記為「田」或「旱」，可能須先經過農業主管機關同意變更為非農業使用（即使不變更為建地，也可依法申建農舍或農業經營的相關設施）。依照〈土地法〉解釋函令「辦理地目變更注意事項」修正第1點（二）：「一筆土地僅部分為建築基地者，於依法核准建物登記時，同時通知土地所有人依法申辦土地分割後，再就該建築基地逕辦地目變更登記。」詳細規定得視各縣市政府都市計劃或地政方面的法令而有變動。

因此，當農地變更地目為建地時，通常可能得進行土地分割：將一塊地劃分成農地與建地（要蓋屋的面積，需申請轉變為建地），再向地政事務所申請變更地目。

申請變更地目需繳交勘查費，規費依各地方政府的規定而有變化，通常以面積為計價單位。例如，竹東地政事務所變更地目的勘察費以每公頃為一個單位，每單位規費為NT. 400元，價位依照各地方政

申請變更地目流程圖：

申請變更地目

▼

農地分割
（建地和農地，
皆須達到
最小的法定面積）

▼

審查文件

▼

地政人員現場勘驗

▼

確認有無違建的地上物

▼

審查完成通過

府規定而不同，可至內政部地政司的國土資訊系統「土地基本資料庫」全球資訊網下載「各市、縣（市）政府土地基本資料庫電子資料流通收費標準訂定情形一覽表」。

Questions 071

買賣農地時，需要繳交土地增值稅嗎？

購買農地時，需申請「作農業使用證明書」，始可不課徵土地增值稅。

對於賣方來說，政府為避免炒地皮的問題，於《農業發展條例》第18條規定，「興建農舍之農地應確供農業使用並滿五年始得移轉」。根據《土地稅法》第39條之2第1項規定：「作農業使用之農業用地，移轉與自然人時，得申請不課徵土地增值稅。」賣方在賣出前，應向各地方鄉鎮區所申請該筆土地的「作農業使用證明書」（有效期限半年），並憑著稅捐處開立的「不課徵土地增稅」證明，才可免被課徵奢侈稅。參考法規《特種貨物及勞務院條例》，如賣方持有時間未超過兩年，在申報土地移轉現值時（無論有無申請不課徵土地增值稅），都要留供備查，以作為排除奢侈稅之證明文件。

至於買方，按照現行法律，土地所有權人持有土地期間，依法必須繳納地價稅或田賦。不過，由於目前停徵田賦；所以，只要你的土地被核定課徵田賦，就可免納土地稅。

可洽詢各縣市政府稅務局，確認你的土地符合課徵田賦要件；申請改課田賦亦由此單位辦理。買方也應在過戶時向農業主管機關申請「農業用地作農業使用證明書」，以避免之後轉賣或轉讓土地時被課徵土地增值稅。農業用地作農業使用認定及核發證明辦法的相關規定，請參考《農業發展條例》第39條第2項。

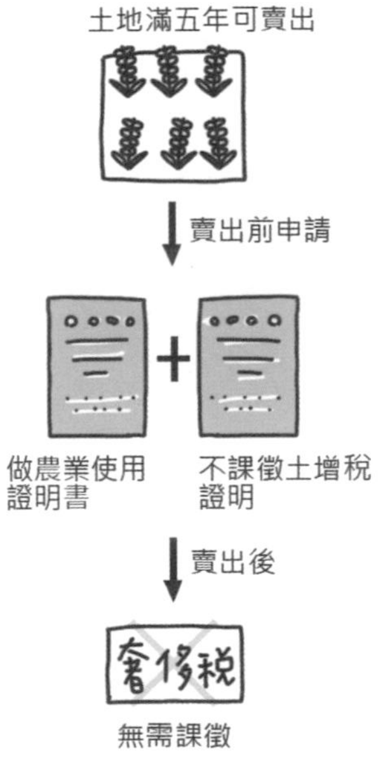

Questions 072

蓋房子的「建蔽率」、「容積率」很重要，為什麼？哪裡可獲得這方面的資料？

建蔽率跟容積率影響你房子可以蓋多大面積、蓋多少樓層。各縣市的比例不一，可向都市發展局或鄉市公所查詢。

1 建蔽率：為建築基地之水平投影面積。意思為建築面積占基地面積之比率。

2 容積率：為基地內建築物總地板面積與基地面積之比。

由於，各縣市會依據當地的情況規劃專屬的都市計畫書，自行規範容積率和建蔽率的比率，若要瞭解自身土地的容積率和建蔽率需向各縣市查詢。

建蔽率和容積率查詢單位：

土地狀況	查詢單位或辦法
都市計畫的土地	都市計畫課、鄉公所申請使用分區證明。
非都市計劃的土地	依照地籍謄本所記載的地目，參考當地縣市的區域計畫法、區域計畫施行細則、實施區域計畫地區建築物管理辦法等。

建蔽率：
基地面積 × 建蔽率＝建築面積
若土地為 100 坪，建蔽率為 60%
100×60%＝ 60
在 100 坪的土地上，
有 60 坪的建築面積。

容積率：
基地面積 × 容積率＝總樓層面積
若土地為 100 坪，容積率為 240%
100×240%＝ 240
在 100 坪的土地上，
總樓層的坪數可蓋到 240 坪。

Questions 073

想買農地蓋民宿，要注意目前哪些法令？

可直接蓋農舍作民宿之用，向該縣市政府觀光管理機關申請登記後即可。但民宿的地點有所限制，需事先查詢清楚。

「民宿」，在建築的「用途類別」裡被列為H類（住宿類），與一般住宅無異，可不用申請營業登記證。因此只要農舍取得使用執照，向該縣市政府觀光管理機關申請民宿登記，繳交證照費後，領取民宿登記證及專用標識才能經營。

而民宿設置的地點，需在下列地區之內，並需符合相關土地使用管制法令之規定：

1 風景特定區。
2 觀光地區。
3 國家公園區。
4 原住民地區。
5 偏遠地區。
6 離島地區。
7 經農業主管機關核發經營許可登記證之休閒農場或經農業主管機關劃定之休閒農業區。
8 金門特定區計畫自然村。
9 非都市土地。

購買農地的限制

項目	規範
土地面積	0.25 公頃（約 756.25 坪）以上，且要有單獨的地號。
使用分區	為水利用地、生態保護用地、國土、保安用地，不得申請興建農舍。
山坡地坡度	超過 30 度就不得開發建築使用。因此，坡度太陡、順向坡、特定水土保持區……，許多因素都會影響這塊地能否申請建照。
申請人限制	1 申請人設籍及土地取得均要滿兩年以上。 2 需為農地所有權人，名下不得有其他的自用農舍。
建造限制	1 總樓地板面積：不得超過 495 平方公尺（約 149.7 坪） 2 建築面積：建築基地面積不得超過其農地的 10%，單層面積不得超過 330 平方公尺（約 100 坪）。 3 建築物高度：不得超過 10.5 公尺（約可蓋 3 層樓）。
移轉限制	需居住滿五年後，農舍才能轉賣。

內政部於 2012 年底公告《農業用地興建農舍辦法修正草案》總說明，未來蓋農舍的相關法規可能會加強對申請人的條件限制，此部分建議讀者務必進一步查詢最新法規。至於想經營民宿者，建議隨時注意各縣市政府觀光主管機關的最新規範。

Questions 074

我家是40幾年的老透天房子，自行改建要注意哪些要點？

首先，請釐清是想拆掉整棟透天重建，還是局部修建？因為，新建、增建、改建與修建，其實是不同的，在《建築法》裡的定義分列如下：

1 新建：為新建造之建築物或將原建築物全部拆除而重行建築者。

2 增建：於原建築物增加其面積或高度者。但以過廊與原建築物連接者，應視為新建。

3 改建：將建築物之一部分拆除，於原建築基地範圍內改造，而不增高或擴大面積者。

4 修建：建築物之基礎、樑柱、承重牆壁、樓地板、屋架及屋頂，其中任何一種有過半之修理或變更者。

透天住宅欲改建，首先需檢視土地權狀到底有幾張，從中可知這塊土地有幾筆地號，進而檢視這筆土地的所有權狀（或謄本）上之土地「權利範圍」標示是否為全部（1/1），或是登載比例持分（如 1/25）。不管地號有幾筆，若「權利範圍」登載均為全部（1/1），就可初步判定可進行改建。若有任一筆土地地號「權利範圍」標示為比例持分（有些由建商整批開發的集合住宅即是，則為所有權為持分共有土地，非經其它所有權人同意無法改建。）

除了持分的問題，還必須注意地段。某些區域地段因政令法規修訂，以至於舊建築只允許有條件地修建，不准改建或新建。例如，彰化師範大學寶山校區附近自從被納入國家風景區後，因土地變更尚未完備，而產生了禁建的困擾。合法改建之前，建議您先檢視土地的「使用分區」及「使用地類別」。

另外，必須再確認的是土地上的建物（房子）是否是經過「保存登記」的建物。您可檢視是否有建物權狀；若無，可委託建築師申請新建。若有，則可委

多人持分土地，須通過所有人同意才能改建。

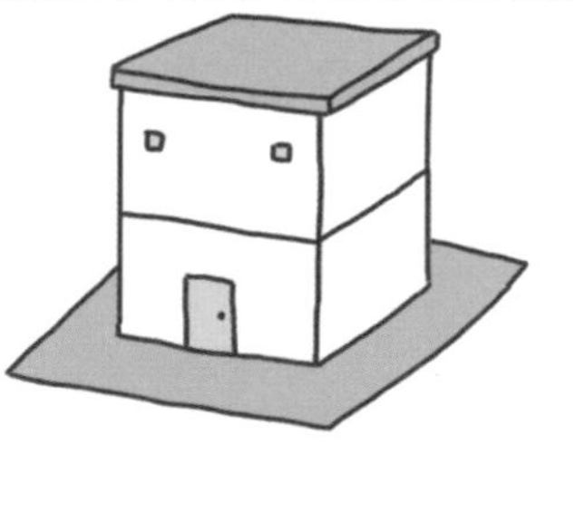

託建築師申請拆照並辦理滅失登記後，再重新申請新建。

提醒您，老屋改建必須特別留意建物結構安全與舊有管線的更新配置。若是座落地是縣市政府指定都市更新的重點區域，改建或新建或許還可享有都市更新的獎勵措施！不過，由於老屋改建牽涉的層面頗廣，建議您洽詢當地縣市政府主管機關，才是最正確的途徑。

Questions 075 都市計畫內的土地還有分住一、住二、住三等項目，這些分類對蓋屋有何影響？

不同的使用分區類別，會有不同的建蔽率和容積率限制。

都市計畫內的住宅用地，可向所在地都市發展局（處）或城鄉發展局查詢土地管制規則（要點），各縣市會依細部計畫、使用項目與使用強度細分，例如台北市、高雄市可透過都市發展局網站上的土地使用管制規則，查詢詳細分類，例如台北市分為住一、住二、住三、住3-1、住3-2、住四、住4-1等。在不同分類下，有不同的建蔽率、容積率規定與限制。

台北市都市計劃區的容積率和建蔽率：

分區類別 項目	住宅區									商業區				工業區		行政區	文教區	倉庫區	風景區	農業區	保護區
	住一	住二	住二之一	住二之二	住三	住三之一	住三之二	住四	住四之一	商一	商二	商三	商四	工二	工三						
容積率（%）	60	120	160	225	225	300	400	300	400	360	630	560	800	200	300	400	240	300	60		
建蔽率（%）	30	35	35	35	45	45	45	50	50	55	65	65	75	45	55	35	35	55	15	10 40	10 15 30 40
高度比	1.5	1.5	1.5	1.5	1.5	1.5	1.5	1.5	1.5	2.0	2.0	2.0	2.0	1.8	1.8	1.8	1.8	1.8	1.0		
最小前院深度（M）	6	5	5	5	3	3	3	3	3					3	3	6	6		10		
最小後院深度（M）	3.0	3.0	3.0	3.0	2.5	2.5	2.5	2.5	2.5	3.0	3.0	3.0	2.5	3	3	3	3	3	3		
最小後院深度比	0.6	0.4	0.3	0.3	0.25	0.25	0.25	0.25	0.25					0.3	0.3	0.3	0.3	0.3	0.6		
最小側院寬度（M）	2.0	2.0	2.0	2.0	2.0	2.0	2.0	2.0	2.0					3	3	3	3		3		

資料來源：台北市政府都市發展局

Questions 076

我想在山裡蓋木屋，建築法規方面有什麼需要特別注意的地方？

木造建築物之簷高不得超過14公尺，並不得超過四層樓高度。

根據《建築技術規則》「建築構造編第四章木構造」的規定，木造建築物之簷高不得超過14公尺，並不得超過四層樓高度。至於木造建築物處的地基，則必須先清除花草樹根及表土至少深達30公分才行。

另外，雖然是木構造房屋，但台灣屬於地震頻繁區，還是建議採用RC基礎結構，耐震度較佳。

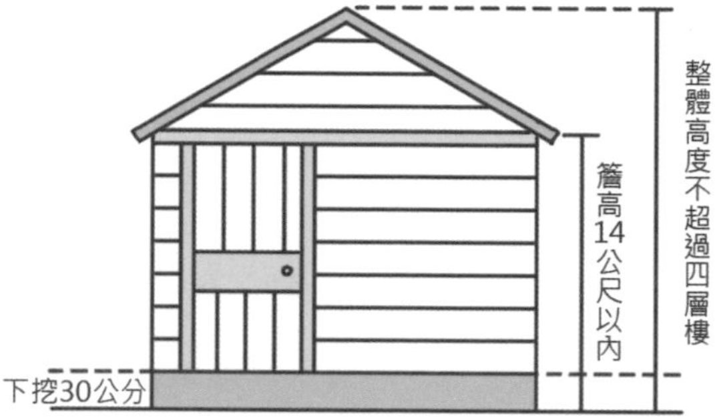

Questions 077

為何我在台北市新買的土地竟然也屬於山坡地？這會不會影響到蓋房子的權益？

通常不會影響蓋房子的權益。依照土地的使用類別確定為建地、農地或林地，依照不同的類別規範去申請建照即可。通常山坡地申請建照時，需另外附上水土保持計畫書。

山坡地保育區的「使用地類別」，常見的有：「丙種建築用地」，即為丙建；「農牧用地」，即農地；「林業用地」，即林地。若有登載為暫未編定土地，可申請補編定，或依各縣市規定可視為林地申請農舍。

一般來說，山坡地保育區的丙種建築用地，其建蔽率為40%，容積率為120%。購買無特別條件限制，取得土地後，即可依建築相關法規申請建照，建築用途可為住宅或店鋪。

Questions 078

我家蓋的是木屋，防火的法令和材質有什麼樣的規定嗎？

需使用防火材質，其防火時效建議需達一小時以上較安全，以及需留出適當的防火間隔。

依照《木構造建築物設計及施工技術規範》第九章之三木構造防火設計的規定，框組壁式木屋防火被覆用板材與填充材等，需能有一定的防火時效。

1防火被覆用板材：可採用厚度為15mm 以上之耐燃一級石膏板材或厚度為 12mm 以上之耐燃一級矽酸鈣板。

2壁內填充材：需使用厚度 50mm 以上，密度 60kg／m3 以上之岩棉所構成壁體，防火時效可認定為一小時。

而針對木屋有防火和非防火材質，其防火間隔的規定有所分別：

1防火木構造建築物的防火間隔：

（1）1.5公尺以內的防火間隔：建築物與基地境界線的防火間隔，若未達1.5公尺，木屋外牆應使用有一小時以上防火時效的材質。

（2）1.5～3公尺未滿的防火間隔：建築物與基地境界線的防火間隔，若在1.5～3公尺之間，木屋外牆應使用半小時以上防火時效的材質。

2非防火木構造建築物的防火間隔

一般來說，除非你的建築基地是鄰接寬度6公尺以上道路或深度6公尺以上的永久性空地（永久不會蓋任何建築物），建築物與基地境界線（後側及兩側），需留淨寬1.5公尺以上的防火間隔。

若在一個基地內蓋兩棟建築物，這兩棟之間要留淨寬3公尺以上的防火間隔。

單棟的防火材質木屋

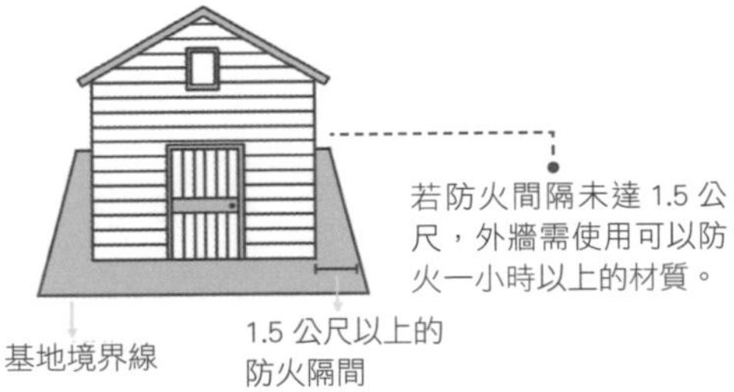

兩棟比鄰的非防火材質木屋

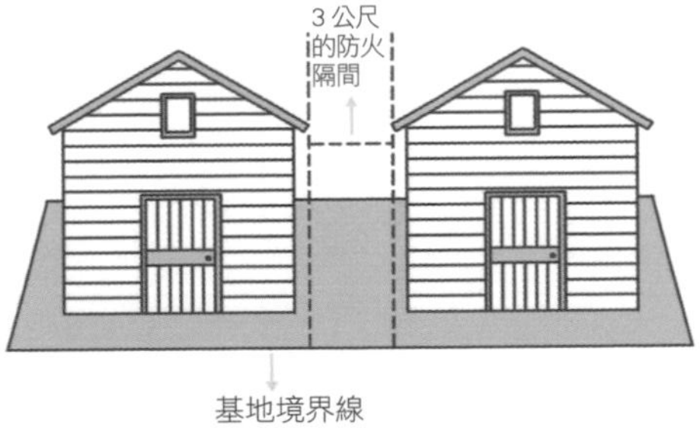

Questions 079

山坡地蓋屋之前，該如何申請水土保持？流程步驟與所需時間約多久？

依照開發面積的大小，填寫「水土保持計畫書」或「簡易水土保持申報書」。水保計畫審查時間需花費約三個月左右，而簡易水保審查約需三至四週的時間。

山坡地蓋屋，最重要的議題是水土保持，不管是蓋屋、開路，都必須向各縣市政府的水土保持管理單位（「目的事業主管機關」）申請水土保持計畫。若開發面積低於500平方公尺（約151坪），填寫「簡易水土保持申報書」即可；若開發面積大過500平方公尺的，就得要送「水土保持計畫書」。

舉例來說，開發建築用地，其主管機關通常為縣市政府的建管單位。申請者要將寫好的水土保持計畫書（或簡易水土保持申報書）一式六份，連同建照申請書一併送交；建管單位再將水保計畫核轉至水保單位審查。法令規定，建照及水保這兩類申請書可同時進行審查。但，建照核准必須等水保計畫核定後才可核准；因此，常有建管單位會要求申請人先取得水保核

申請簡易水保流程

- 簡易水土保持申報書送審（送審時，需一併繳納審查費，各縣市收費標準不一。以宜蘭縣為例，需繳交NT.1,000元）
- ▼
- 當地建管單位 → 會審 → 水保單位
- ▼
- 核准申請
- ▼
- 繳交山坡地開發利用回饋金（計畫面積 × 當期公告土地現值 ×3 ～ 12%）
- ▼
- 申報開工（需填寫簡易水土保持申報開工報告）
- ▼
- 水保單位於施工期間檢查
- ▼
- 完工
- ▼
- 申報完工（需填寫簡易水土保持申報完工報告書）
- ▼
- 水保單位進行完工檢查
- ▼
- 完工合格

定後再申請建照。

一般簡易水保審查約需三至四週的時間，水保計畫則需三個月左右，故需提前準備。不過，在送出申請之前，要有以下認知：目前，各縣市對於水土保持的規範大致一定；但由於承辦窗口未必皆為水土保持專業出身，每個人對法規的解讀不盡相同，因而影響到送審通過與否及時程長短。

Questions 080 為何建築師事務所送審的水土保持計畫常會被退回？常見原因有哪幾項？

大多是由建築師製作簡易水保計畫，其專業度較不足，不易審核通過。建議由專業的水保技師製作為佳。

首先必須澄清，建築師是不能做水土保持計畫的，因為建築師並不在官方認可的簽證範圍。一般民眾在建築房屋時會找建築師設計、簽證。因此，如果建案位於山坡地時，通常也就一併委託建築師代為申請簡易水土保持申報，雖然簡易水保毋須請水保技師簽證，但建築師的專業在於建築領域，對水土保持往往較欠缺專業認知。

一般被退件之原因，最常見的就是：

1直接送交水保單位：未經目的事業主管機關核轉而直接將水保計畫送請水保單位審查。

2土方量計算失準：挖、填土石方，未能就地平衡；或將建築本身所產生之營建剩餘土石方計入水保工程內之土方量。

若要順利通過審核，就要掌握「水土保持」的四字箴言。水，指的是安全排水、涵養水源；土，要防止土壤沖蝕、流失。意即，開發建築用地的水土保持，其規劃重點就在於避免大規模開挖整地、挖填土石方，減少對水文、環境之不利影響。

水土保持計畫書應先送當地的建管單位，再由建管單位函送水保單位，而非直送水保單位

Questions 081 水土保持計畫書與簡易水土保持申報書（簡易水保）有什麼不同？將由誰提出申請？

水土保持計畫書需有水保技師的簽證，簡易水保則毋須。

基本上，水土保持計畫係指為實施水土保持之處理與維護所訂之計畫。簡易水土保持申報書指的也是同一種計畫書；一般來說，水土保持計畫需專業技師簽證（水土保持技師、土木工程技師、水利工程技師、大地工程技師等4類專業技師），簡易水土保持申報書則不需技師簽證，可自行申請。

建築基地面積	應填計畫書
小於500平方公尺（約151坪）	簡易水土保持申報書
大於500平方公尺（約151坪）	水土保持計畫書

Questions 082 為什麼在申請建照時，會被政府退回說房屋後側不得開窗？

若與隔壁建物的間隔過近，且兩棟建築物都有開窗，火災發生時容易有延燒的問題。

緊鄰隔壁建物的外牆，除了要注意不可妨礙公共交通之外，基於消防安全的因素，也不可以隨意開設門窗，避免兩棟建築物太近又開窗，導致發生火災時，火苗容易竄燒到鄰棟，這就得不償失了。另外，建物之間的開窗間距與數量都有規定，因此在建造時要特別注意。

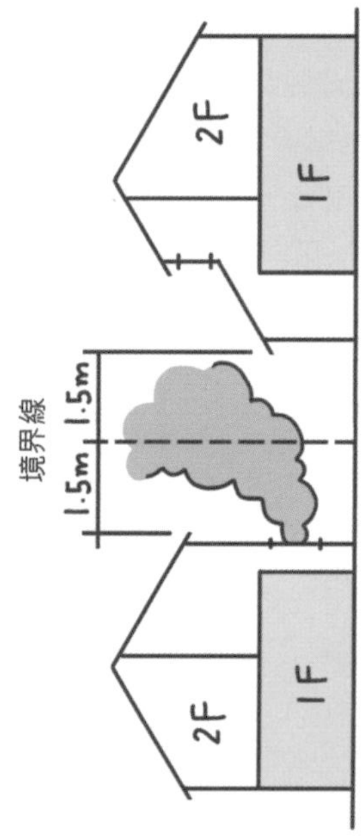

Questions 083

申請建造時被退回說我家的屋突過高，需重新設計，屋突的設計條件為何？

屋突高度以6公尺為限，若有升降機設備通達屋頂，則須在9公尺以內。

「屋突」意即為突出於屋面之附屬建築物及雜項工作物，如樓梯間、升降機間、水塔、水箱、雨水貯留利用系統設備、露天機電設備、煙囪及屋脊裝飾物等。一般來說，屋突高度須在6公尺以內，若有升降機設備通達屋頂，則屋突高度須在9公尺以內。屋突的面積是免計容積率，但有條件限制，屋突面積需不超過建築面積的1／8或18平方公尺，若是超過，則會計入樓地板面積，影響容積率。因此屋突面積一般都不建議超過。

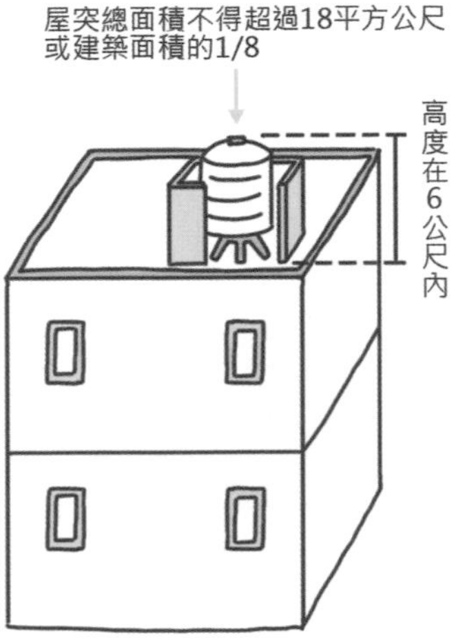
屋突總面積不得超過18平方公尺
或建築面積的1/8
高度在6公尺內

Questions 084

興建途中，發現有些地方需要修改，一定要先停工拿到變更申請再開工嗎？

若影響到外觀、結構和面積大小的重大變更，則必須要先停工，申請變更設計，拿到新的建照後始可開工。若不影響的話，可等到完工後再合併申請變更。

變更設計是屬於法令上的行為，最初申請建照時就是依照原有設計圖，若需變更開窗位置大小，或是從2層增加為3層樓，導致建物的高度和總樓板面積改變，這些情況都算是重大變更。由於更改後可能需要重新計算結構、或是有不符合建蔽率和容積率等法令問題，因此必須先停工，在建照到期前先向主管機關申報變更。若不申請，等到完工後，可能就無法拿到建物的使用執照。

變更設計申請，等同於再重新跑一次建照的申請流程，除了需再支付建築師約數萬元的變更設計費之外，怕會耗時費日，延誤工期。建議在申請建照前，需再三確定設計圖面。

Step 4

多方打聽，好的建築師或營造商，讓你省時不費力。

Point1 如何找到對的建築師和營造商

Point2 與建築師和營造商規劃時的溝通

選建築師還是找
營造商蓋好呢？
設計費、建築費

Questions 085

蓋房子要找建築師、營造商還是室內設計師比較好？

找建築師、營造商或室內設計師各有其優缺點，但以法令的角度來看，蓋房子找合法的專業建築師為佳。

建築師可整體規劃建物空間，可塑造出獨具魅力的建築外觀，另外還可直接處理建照申請事宜，5樓以下建物或非公共建築，建築師可做建物結構的簽證動作，而無須委外執行；另一方面，有關土地的分區使用，各縣市規定不同，具建築背景的建築師對於建築法規的相關規定、法則考量較為熟稔，能立即對建物與都市環境的關係做出反應。

而室內設計師個人的獨特美感風格，也是型塑生活空間的重要元素，甚至部分室內設計師本身即具有建築涵養背景，對於建築相關法規也有一定了解，委由室內設計師蓋房子更是相得益彰，不過依法規定，還是須委託建築師處理有關土地、建照申請等。

若找營造商蓋房子，強項在於可合併建築設計和施工，雖然建築設計較為制式，但相對可節省請建築

1 瞭解法令、建造申請流程
2 整體規劃建築與周遭環境的融合，考量周全
3 可監造施工，具有與營造商溝通協調的能力

▼

建築師

1 從室內的角度發想，有效掌握生活空間的細膩度
2 需透過建築師等專業團隊整合建築和空間
＊對建築施工過程和問題較不熟悉，需另請建築師監造

▼

室內設計師

1 可節省設計成本
2 熟悉各種結構工法，對工程的掌握度高
＊施工問題、生活細節整合，需由屋主自行設想周全

▼

營造商

師設計的費用，若不要求特殊的造型設計，可直接尋找營造商。不過，對於施工過程中可能會產生的額外問題，像是在山坡地蓋房，可能需要有擋土牆的設計；或生活細節的整合等等，營造商不會主動設想，因此屋主需自行考慮周全。另外，若請營造商蓋房子，建議要另請一位建築師監造，施工中途發生問題時，有建築師幫忙監督協調，會輕鬆得多。

Questions 086

為了有效控管施工品質與工期，有沒有整合建築規劃、室內設計及營造工程等三種業務的公司？

主要是建築師整合建築規劃和室內設計，營造方面需找另外的協力團隊。

依法令規定，建築師可整合建築、室內設計的業務，營建施工則需委由第三者來進行，但也有建築師擁有協力工程單位，既可處理室內外的整體規劃，又可一併執行相關工程，讓不同工程的接續能順利進行，有效地節省時間與提高工程效率。

Questions 087

要另外找營造商很耗費時間，可以請建築師直接承攬工務嗎？

依法規定，建築師是不能承攬工程業務，需由營造廠施工。

建築師的角色是監督單位，具有控管工程品質、工期的責任義務，一旦工程品質出現瑕疵時，應速將問題回報屋主，由營造商來解決改善。因此不得承攬工程業務，以免無法有效盡到監督之責，建議還是由屋主另找營造商施工為佳。

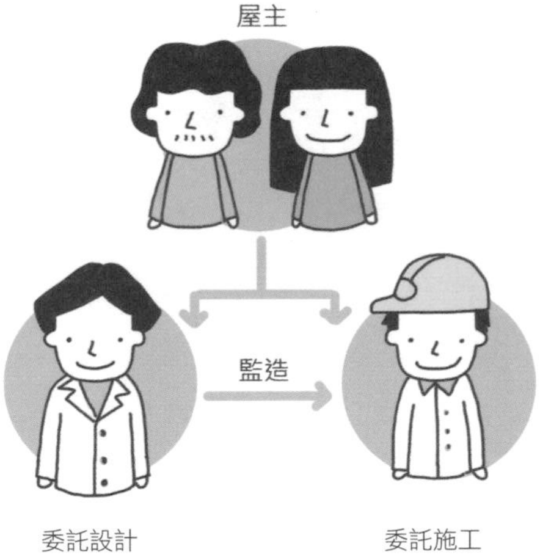

Questions 088

如何挑選好的建築師或室內設計師呢？

不管是找建築師或室內設計師來設計，建議可實地看過對方過往的作品，瞭解其建築的風格是否符合喜好。

平時可透過建築雜誌留意喜愛的建築師，或是可上建築師公會查詢當地有哪些開業建築師。蓋房子一生可能只有一次，因此在選擇找誰設計之前，最好可以現場看過對方的建築作品，藉此觀察建築師或室內設計師的實力，有些建築師在諮詢期間會主動帶屋主去看自己的作品。同時，屋主可以在商談期間提出自己對房子的想法和概念，根據建築師的回應或實際的設計發想，來確定彼此對於建築、空間的觀點是否契合，再做進一步的決定。

不過，各個建築或室內設計事務所對洽談的次數和何時簽訂合約付費的時機點不同，像是有的建築師和屋主洽談四、五次以上，提供建築圖面參考，深

A 建築事務所
強調機能實用

B 建築事務所
提供新穎設計

C 建築事務所
熟悉工務法規

入瞭解屋主的狀況後才開始簽訂合約和收費；也有的建築師可能需要先簽訂合約再提供建築圖面，建議需事先問清楚為佳。

可依照洽詢後的心得，去選擇適合的建築師。

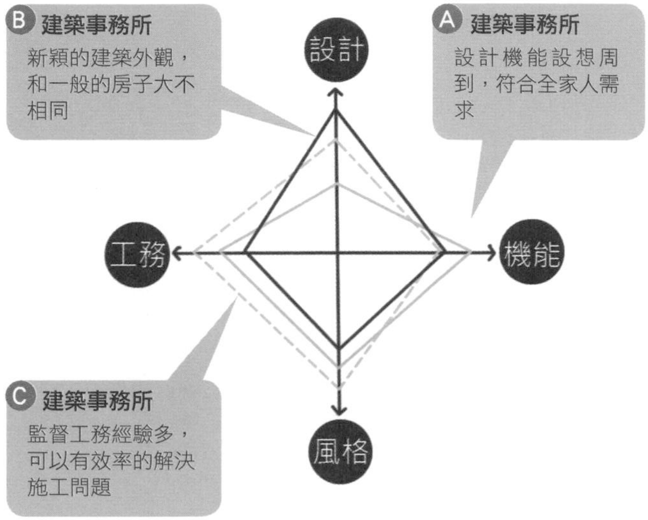
B 建築事務所
新穎的建築外觀，和一般的房子大不相同
A 建築事務所
設計機能設想周到，符合全家人需求
設計
工務
機能
風格
C 建築事務所
監督工務經驗多，可以有效率的解決施工問題

Questions 089

我聽過有所謂借牌的營造商，這樣的廠商可靠嗎？

所謂借牌，意即是沒有營造業牌照的公司，向合格的營造公司借牌照來承攬工程。若是出了問題，容易產生法律的糾紛。

在營造業當中，借牌的情形相當普遍。由於經營營造廠需有一定的規模，一般的土木包工公司，不具有這樣的營運規模。因此，為了拿到工程合約，會和其他的合格業者付費商借營造業牌照來承攬。

對屋主而言，在簽約時，要注意的是合約簽署者是以誰的名義。若是和出借牌照的甲廠商簽，而非和實際承攬業務的乙廠商簽署，若乙廠商惡意停工，在法律上被追究責任的人會是出借牌照的甲廠商，這時就難以用法律去約束規範原承包商。

不施工，能奈我何？
現在惡意停工該怎麼辦？
他是借牌的，施工的不是我，只能盡力幫你催進度

Questions 090 營造過程中，通常會分幾期付款？怎麼付費呢？

付費方式依照工程進度分期付款，期數和比例則依照各家廠商有所不同，約分5～6期不等。

大部分會在簽約時支付訂金，施工期間再分5～6期依比例付款。通常每期工程款都會再預留10％，例如第一期工程要繳100萬，實支金額為90萬，剩下的10％會作為最後驗收的尾款。付款則可使用現金、支票等，以雙方協定為主。

要注意的是，付款辦法需明確定義各期施工完成項目，否則無法分辨何時該付款，這是為了避免營造商偷偷提前收取所有費用後惡意停工。

付款辦法施工項目定義比較

原施工項目	新施工項目定義範例
基礎工程完成	地基鋪好鋼筋及灌漿完成時
一樓結構體完成	一樓RC外牆及RC地板鋪鋼筋及灌漿，內牆磚砌，至一樓頂板完成
二樓結構體完成	二樓RC外牆及RC地板鋪鋼筋及灌漿，內牆磚砌，至二樓頂板完成

工程付費期程

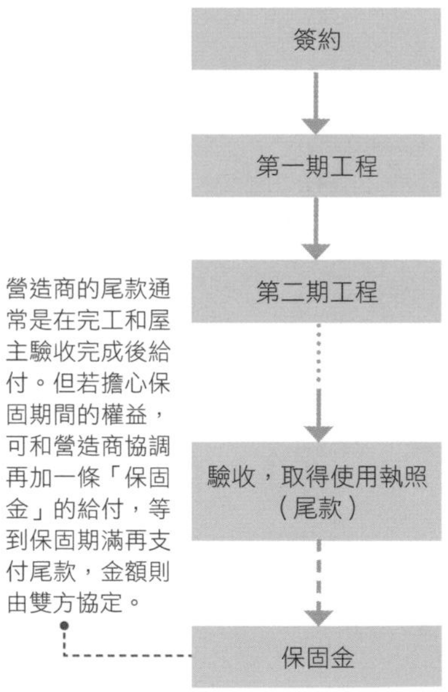
簽約
第一期工程
第二期工程
驗收，取得使用執照（尾款）
保固金
營造商的尾款通常是在完工和屋主驗收完成後給付。但若擔心保固期間的權益，可和營造商協調再加一條「保固金」的給付，等到保固期滿再支付尾款，金額則由雙方協定。

Questions 091 房屋的品質要好，營造商就十分重要，要怎麼挑選才對呢？

先選擇營造商的等級，再請多家營造商估價後，分別召開工程說明會議，瞭解各家工作態度、工務經驗和品質藉此篩選。

在找營造商時，可請建築師提供有配合過的營造商、或是由親友口碑介紹。接著，再去看營造商的等級，營造商種類可分為甲級營造、乙級營造、丙級營造，以及一般的土木包工。其不同的等級是由政府依照其資本額、專業證照的取得，以及歷年施工績效而評鑑的。

一般的甲級營造承攬大型公共工程為主；乙級營造則是公共工程和自宅案皆有承包，但自宅案較少；而丙級營造大多是會接自宅案；土木包工就是一般的分包商。等級越高的營造商，其工程經驗越豐富，並且比較有能力解決工程的各種問題。一般自地自建的屋主，若資金充裕，建議可尋找乙級營造商為主。一般較不建議找土木包工，雖然便宜，但耗時費力。屋主必須自行監工，掌控所有分包商的進度和協調進場時間，若有問題，可能無法立即解決，除非能找到信賴的統包商。再加上土木包工的技術能力良莠不齊，屋主用各自分包方式，事後若有問題則容易相互推諉，難以釐清權責。

當屋主找到數家營造商之後，請各家營造商進行估價，並分別召開工程說明會議。在說明的過程中，可以了解營造商對工程是否熟悉，有無能力解決施工的問題，藉此有效評估各家的優缺點。同時，也可確認各家提供的估價單中，是否有精確寫出材料的品牌、數量、尺寸、價格，來評判報價是否確實，避免事後的糾紛。進行工程會議時，可請建築師陪同，較能幫助評鑑營造商的優劣。

不論選擇哪家，建議去其承包的施工現場，或完工後的房屋，觀察施工成效。

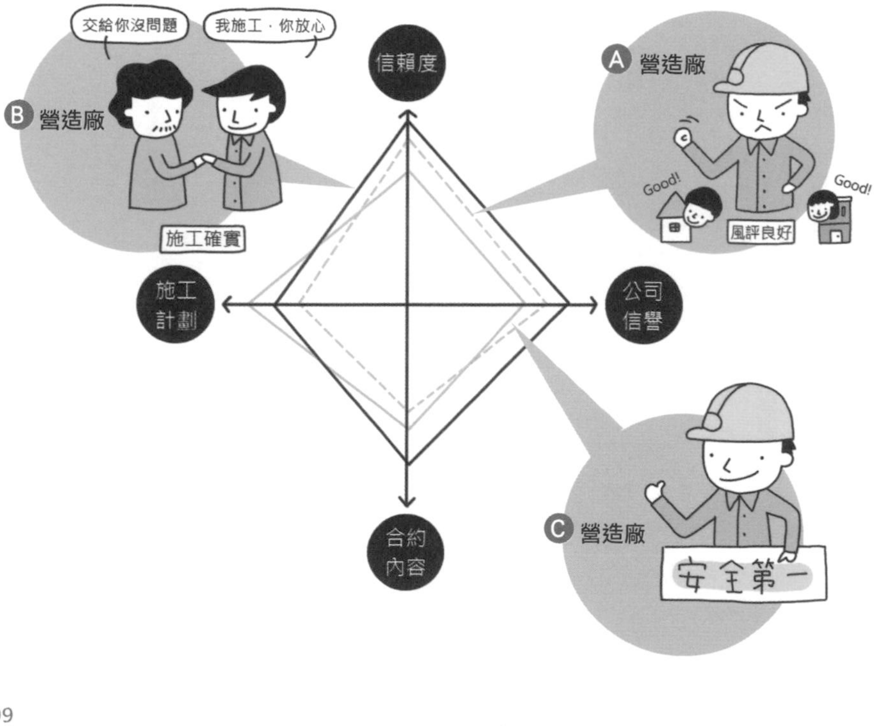

Questions 092

在找建築師洽談時，需要事先準備什麼東西嗎？

建議可將自己對房子的要求、想法整理成文字或以照片呈現。在溝通時，較能讓建築師快速理解。

大致可列出以下具體的概念：

1 預算：先和建築師說明可供使用的資金額度，在建築設計、結構工法和材料的選擇上，能讓建築師有所依據去斟酌該如何配置。

2 家族人數和格局需求：列出需要的格局數量、類型、大小，而人數的多寡，可以作為設計時的參考。

3 周遭環境和景觀：列出周遭環境的樣貌，說明想看到哪側的風景，或是列出是否需要景觀花園，而其設計的概念為何。

4 喜歡的風格或設計：描述喜歡的建築外觀或風格，建議平時可從報章雜誌收集，看到喜歡的建築照片，就先保存下來。與建築師溝通時，也能有圖為證。

5 家人的生活方式和習慣：列出家人的生活習慣和要求，這會反映在格局設計的思考，如何讓家人的生活更方便舒適。

6 設備：若有想架設的機電設備可事先提出，在設計時就能提前預留設備的位置。

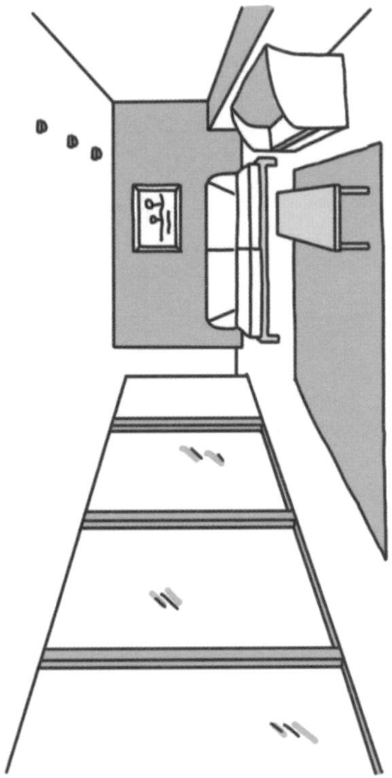

家的企劃書

建築基地尺寸	深________公尺，寬________公尺， 面積________坪	基地方位	座　朝
預算	______________萬元		
家族成員			
格局需求	1 放假時，父母和姊姊夫妻會一同來住，要預留兩間客房		
	2 很喜歡看電影，想要有家庭劇院		
周遭景觀	1 想在做菜的時候，也能看著窗外美景		
	2 想要早上睡醒時，有大片的陽光進入		
家人的生活方式和習慣	1 希望在吃飯時，能夠在廚房呼喚一聲，小孩就能聽到		
	2 太太喜歡烤麵包，想在戶外造個麵包窯		
設備需求	1 想在屋頂弄個花園，想要自動的澆水設備或回收雨水系統		
	2 想要全熱交換器和中央集塵系統		
建築風格和設計	外觀：喜歡清水模的建築		
	室內：簡單、純樸，喜歡木頭的質感		
參考照片			

Questions 093

找建築師洽談、簽約到完工的流程是什麼？可以委託建築師從設計圖面到監造施工全程幫我弄到好嗎？

通常找建築師蓋房子，可以請建築師從設計圖面、監造到房屋蓋成全程協助處理。

一般來説，找建築師的過程會先經過洽談，讓建築師瞭解你的需求後，到建築基地勘查土地形狀、地勢高低、座落方位、周遭有哪些建築物等等，畫出簡略的建築圖面，建築師和屋主講述設計概念，經過討論溝通，瞭解雙方的建築概念是否契合。若契合的話，通常會在此時決定簽設計約。而各家事務所付款方式和期數不一，有些會分「簽約」、「設計圖定案」、「建照取得」階段付款。

接著，雙方來回確定設計圖面後，進行建照的申請。一般若只簽設計約（不駐點監造）的建築師，在拿到建照後，其任務就結束了。在施工過程時，只會幫助屋主重點監造，在工務局進行勘驗時到現場協助。

因此若需要請建築師全程監造，就稱為「駐點監造」，則需再另外簽約，支付建築師監造費用，駐點形式有一個禮拜一次或每天駐點等不同，屋主可評估自身預算來決定。請建築師監造的優點在於，中途若有施工問題能和營造商協調溝通，並且監督施工進度，屋主也較省時省力。最後完工時，也能協助屋主進行驗收。

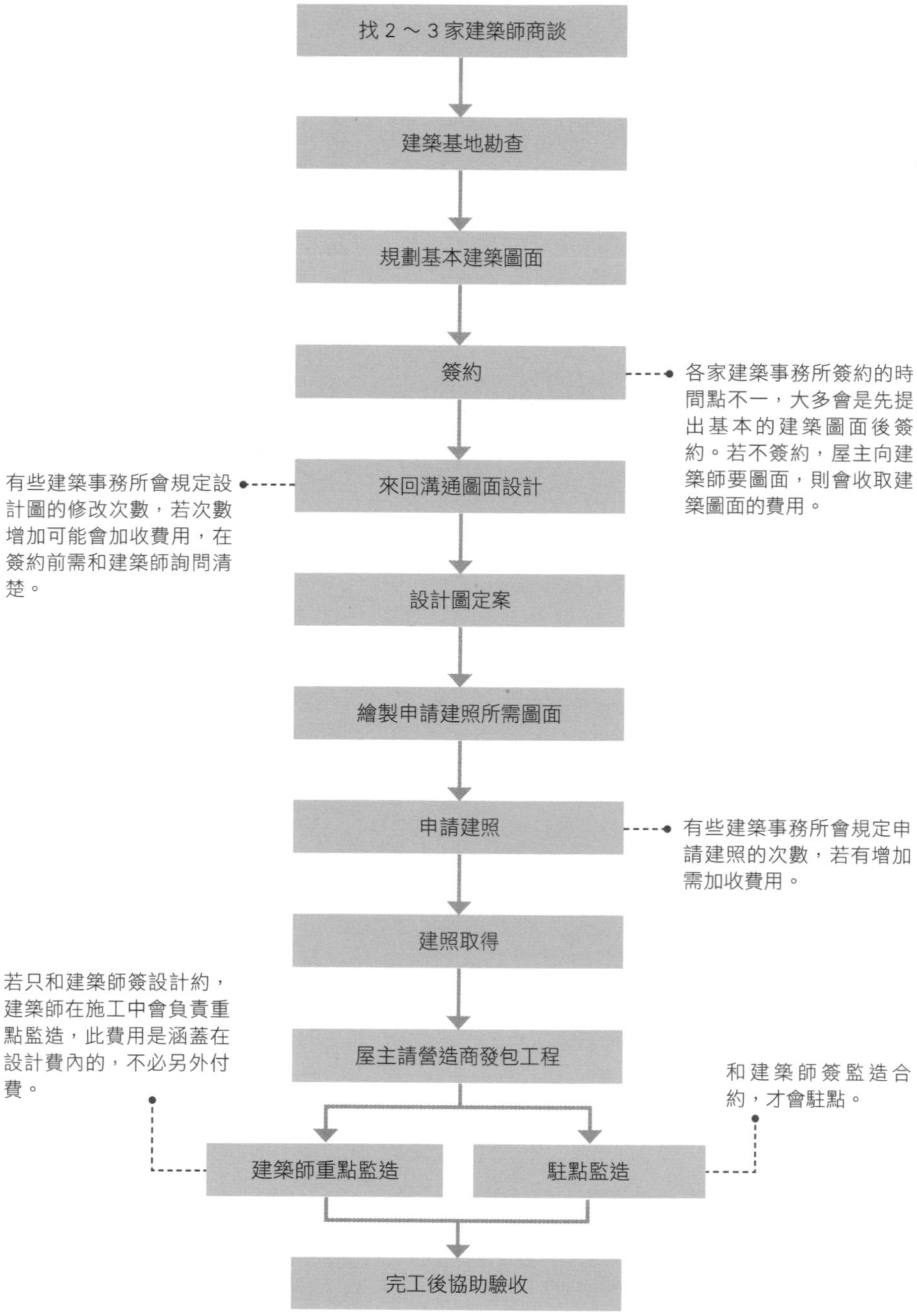
找 2 ～ 3 家建築師商談
建築基地勘查
規劃基本建築圖面
簽約
各家建築事務所簽約的時間點不一，大多會是先提出基本的建築圖面後簽約。若不簽約，屋主向建築師要圖面，則會收取建築圖面的費用。
來回溝通圖面設計
有些建築事務所會規定設計圖的修改次數，若次數增加可能會加收費用，在簽約前需和建築師詢問清楚。
設計圖定案
繪製申請建照所需圖面
申請建照
有些建築事務所會規定申請建照的次數，若有增加需加收費用。
建照取得
若只和建築師簽設計約，建築師在施工中會負責重點監造，此費用是涵蓋在設計費內的，不必另外付費。
屋主請營造商發包工程
和建築師簽監造合約，才會駐點。
建築師重點監造
駐點監造
完工後協助驗收

Questions 094

和營造商溝通、施工的流程大致上會有哪些步驟？

透過工程會議挑選適當的營造商，簽約時確認合約條款和估價單細目，施工中途若有問題應儘速與營造商溝通協調，完工後由營造商申請使用執照，確認沒問題再點交驗收。

尋找適合的營造商時，建議應至少找2　3家合格有牌照的營造商做比較，屋主給予施工圖面後，請營造商估價回傳，各家再分別召開工程說明會議，瞭解各家的施工工法和報價，選出最適當的營造商後簽約。

簽完之後，請營造商向建管單位報請開工，拿到施工牌照後才能開工。若有請建築師協助監造，則由建築師定期向屋主回報施工問題、進度等。施工期間營造商需協助建管單位進行勘驗，完工後由營造商辦理申請使用執照，並交屋驗收。

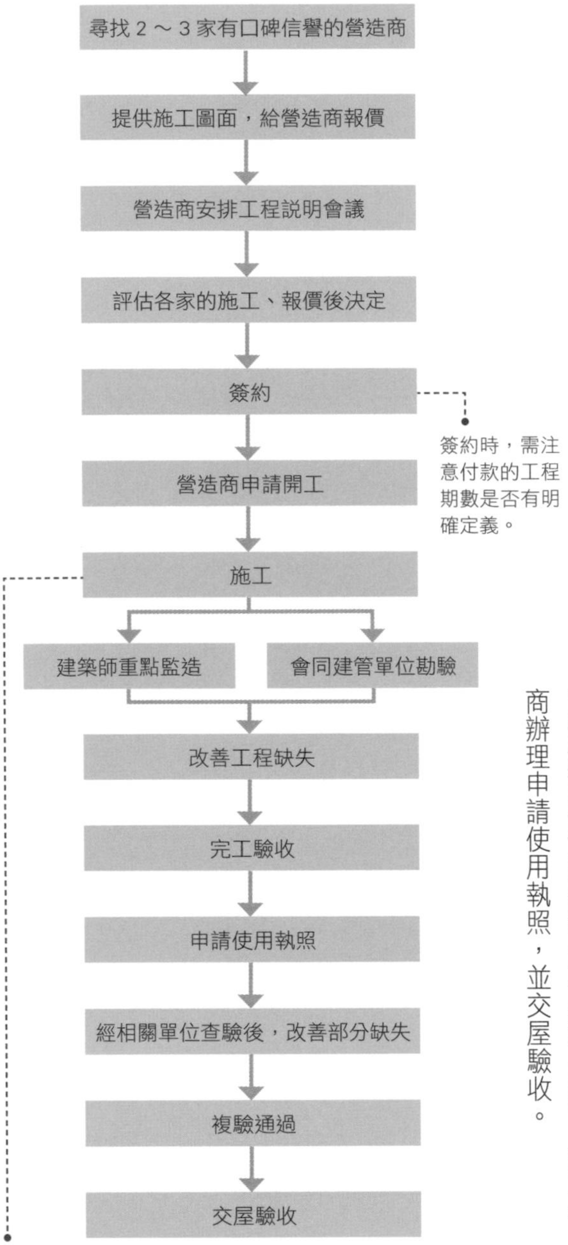
尋找 2 ～ 3 家有口碑信譽的營造商
提供施工圖面，給營造商報價
營造商安排工程說明會議
評估各家的施工、報價後決定
簽約
簽約時，需注意付款的工程期數是否有明確定義。
營造商申請開工
施工
建築師重點監造
會同建管單位勘驗
改善工程缺失
完工驗收
申請使用執照
經相關單位查驗後，改善部分缺失
複驗通過
交屋驗收

屋主應依照施工的進度付費，確認有做到依圖面施工且品質良好，才能付款。若營造商無故要求事先預付工程款，可能會有拿錢不辦事的情況。

Questions 095

將蓋房子規劃、工程監管全委由建築師負責，中途發現施工品質不佳，屋主該如何應變？

建築師應回報屋主施工狀況，並由屋主決定是否應繼續施工。

營建工程進行期間，建築師應負責控管建築品質，如發現建築品質不良或未按圖施工情形，應回報屋主，由屋主決定是否繼續工程，建築師也會幫助從中協調。如決定中途更換營造商，建議在階段性工程完成後，結束彼此的合作關係，並結清工程費用。須注意的是，倘若施工期間建築師未善盡把關責任，將工程狀況回報屋主，導致工程品質無法即時獲得有效解決，進而影響日後的建築安全，則責任應追咎於建築師身上，做補償或賠償。

建築師
施工問題回報
決定是否施工
監督施工
屋主
營造商

Questions 096

找了三家營造商報價，其中一家很便宜，但報價寫得籠統，會不會事後被追加呢？

報價單的項目、單價不清楚，是有可能被追加的。

在看營造商的估價單時，應明列每個工程項目的施工方式、建材品牌和單價、單位數量等，若有出現「一式」的情形，這樣的報價方式比較籠統，屆時有可能會發生追加款項的情況。應要求廠商寫明估價內容，若廠商虛與推託，則要慎重考慮是否需更換。

沒寫用什麼品牌的混凝土，這樣對嗎？
我用的都是好貨，別擔心牌子問題

Questions 097

施做工程的估價項目會有哪些呢？裡面有估一個管理費，這是一定要收的嗎？

費用一般可分成假設工程、基礎工程、結構工程、泥作裝修工程、門窗工程、雜項工程、水電工程等，最後還有管理費和營業稅。

所謂假設工程，是包含鷹架、安全圍籬、臨時廁所等房屋完工後會拆掉的過渡性施工建物。而施工中會產生的廢棄物、環境維護等都會明訂費用來處理。

基礎工程則是建設房子基礎的重要工程，因此會進行開挖打樁，需注意混凝土的用料要確實。結構工程是架構房屋主體，需要灌漿、上模板等，整個施工階段，花費比例較高的部分。泥作裝修則是地、壁面塗抹水泥砂漿、鋪設磚料等。

施工前的鷹架、圍籬等假設工程，至工程廢棄物的清運費、保管建材的管理費都需明列清楚。

而管理費的部分，則是為營造商管理進料、工序安排等的服務管理費。營業稅通常為總工程費用的5%。

Questions 098

可以請營造廠申請使用執照嗎？申請流程是什麼？

依法規定，房屋的使用執照必須由承造人申請，也就是營造廠，屋主無法自行申請。申請使用執照的時機為完工驗收後。

房屋竣工後，結構技師、機電技師等人會繪製竣工圖，並至現場查驗施工是否確實，哪裡需要改善，確認修改後技師會簽證通過，營造廠再備齊相關圖面文件資料，送交建管單位。建管單位收件後會至現場審核建物是否與圖面相同，是否有違建等，若有與原始圖面不符或不合法規的部分，則需要修改後再補送審，通常來回至少會花上1～2個月左右。拿到使用執照後，才能進行後續的室內裝修工程。

Questions 099

若建材原料漲價，追加很多預算，和當時差很多，這筆錢一定要我們吸收嗎？

在擬定契約時，會說明若追加費用在一定比例中，會由營造商自行吸收，超出比例的金額再由屋主吸收。比例和原則各家廠商不一。

由於原物料像是鋼筋、水泥，價格漲幅波動較快，因此有些公司在製作估價單時，就會明訂報價金額為60天有效，60天內確定簽訂合約後，會馬上訂製所需原料，避免差價產生。而有時在簽訂合約時，會明列若建材物料的價格漲幅超過原始報價的一定比例，通常為1～3％左右，由營造商負擔；若超過，則由屋主吸收。而有些公司則以總工程價制訂，大部分為5％上下，因此若工程結束後，實際花費的總工程金額，比原先估算的總工程多了5％，則由廠商吸收。

3%
鋼筋價格漲了3%，依合約漲幅1%內我們吸收，剩下2%要麻煩你負擔。
好的，我付！

Questions 100

施工過程中，建商以工資漲價為由，要先預付工程款，一定要先付嗎？這會不會有問題？

屋主應依照施工的進度付費，驗收確認有做到依圖面施工且品質良好，才能付款。若事先預付工程款，可能會有營造商拿錢不辦事的情況。

一般來說，財務狀況正常且有相當經營規模的營造商，是不會提前要求支付費用的，若有無故要求提前支付的狀況，可能是財務有狀況的廠商。為了避免不肖廠商捲款潛逃，建議還是遵照合約，並請建築師居中協調，確認有做到該期工程完工再付款。若廠商堅持先付款而惡意停工，則可能要請律師處理相關事宜。

工資越漲越高，先付款我們才要施工。
等到簽訂的工程結束後再付款。

Step 5

事前多看多問，簽約有保障

Point1 簽約時該注意什麼

Point2 糾紛發生了該怎麼辦

+Plus 營建工程合約書範本

※ 本章內容經訪談吳俊達律師所編寫，以擔保法律意見。

Questions 101

我的土地沒有聯外道路，行車出入和水管、電線設計，都會經過鄰居的土地。如果他答應可以給我們出入，要如何擬定使用路權的合約？

合約中明訂向鄰居要求行使「袋地通行權」和「管路通行權」，並協調通行條件和期限、支付償金金額、轉賣時應告知情況和相關的違約條款等等。

若自身土地沒有聯外道路，依民法787條和786條，可向鄰居請求行使「袋地通行權」、「管路通行權」，藉此開通聯外道路和水電。若鄰居拒絕，協商不成時，則可向法院請求判決。

若鄰居答應可供通行或管線經過，則建議雙方應簽訂合約，明列各項規範。例如，通行的道路必須選擇距離最短，或是對鄰地損失最小的方式，並說明鋪路及維護費用由誰支付、鄰居對道路有無使用權；通行權期限多久；應如何支付鄰居補償金（金額、分期支付）等等。

另外，基於雙方都有可能於「簽約後」轉賣土地的情況，故可在合約中載明：若任何一方出售土地，他方都有優先承買權，且雙方皆有義務告知承購之第三方，土地存有袋地通行權、管路通行權的情況，及若未告知，事後發生任何糾紛須負賠償責任等等相關條款。

屋主的地
鄰居的地
我要求行使袋地通行權和管路通行權。
沒問題，我們來訂合約。
合約書

Questions 102

我想買一塊土地，但地主有設定抵押，6個月後到期，想要快點下手買走，要等到抵押解除後才可以嗎？

不用等到抵押權塗銷，仍可直接向地主購買，但買方必須清償抵押權剩餘的擔保金額。

有抵押權的情況通常是地主先以土地作擔保，向銀行或第三方調借資金，而地主必須定期還款。以本案的情況，土地因還有6個月的抵押期，意即還有6個月未清償的借款金額。因此買方可向賣方（地主）要求出示證明，釐清還有多少金額必須償還。等到土地過戶後，由買方直接支付尾款予銀行或第三方，替地主還清貸款，並塗銷抵押權。惟必須要注意的是，其中有可能會存有詐欺風險，如第三方和地主可能聯手提出假證明，虛構尚未清償借款金額，因此除了謹慎查核外，購地合約中仍須註明相關的違約賠償，以保障權益。

Questions 103

我買老農的土地來蓋屋，請老農申請建造後再將土地和房屋一起過戶給我，合約中要如何保證老農不會臨時改意賣給第三人或反悔不過戶呢？

可將尾款比例提高、設定抵押權，以及使用履約保證帳戶的監督機制，確保過戶成功。

首先，合約付款比例上可提高尾款比例。為確保對方確實履約，建議等到過戶後再支付大筆費用，同時合約內應寫明違約條款、違約罰則。其次，興建農舍的的資金、付款、承攬合約，均應妥善保存，以便日後證明自己才是農舍的「實際」出資興建者。另外，我方付出定金後，可請求老農先將土地辦理抵押設定予我方。最後，付款方式也可使用履約保證帳戶，我方將購地費用匯入履約保證帳戶，等到土地、農舍均過戶後，再由老農可從履約保證帳戶中取得款項，以確保合約履行。

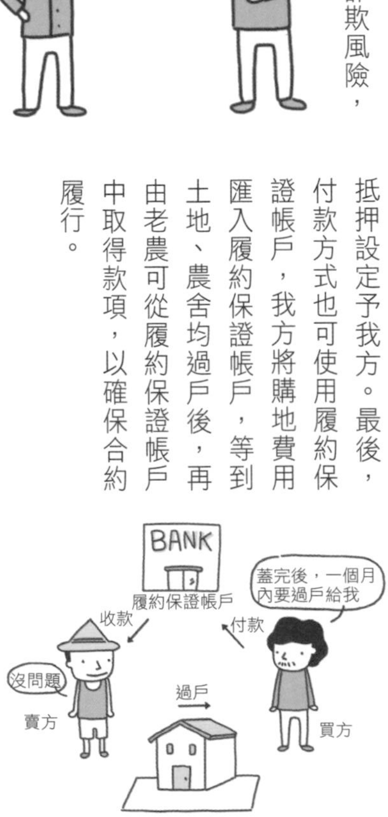

Questions 104 通常找建築師時，合約裡可以附註設計圖面不限修改次數嗎？

可以，但應該要和建築師協調，雙方同意在合約上註明：修改次數限制及超額修改時付費約定。

不論是哪一種合約，雙方的權責和負責範圍要互相釐清，關於設計圖面的部分，有些建築事務所會限制修改次數，若超過合約簽訂的次數，每修改一次，就需加上額外的費用。至於次數和費用計算方式，則是由雙方協議，

同時還需注意規範違約。若是設計中途欲提前終止合約，已完成圖面的設計費用，應該該由誰負擔、負擔比例，都必須先協議清楚。

另外，申請建照次數有時也會限制，有些建築事務所會明訂送照次數以及責任歸屬。若是由業主在請照後決定修改圖面，導致必須重新送照，第二次申請就可能必須額外再給付建築師處理費用，方為合理。

Questions 105 在和營造商擬約時，沒有明列「萬一毀約該有何罰則」，請問我該如何保護自身的權益？

建議重新擬約，寫明各項條例中雙方應盡的責任和義務，如有需要可逐項添加懲罰性的條款。

在擬定合約時，營造商和業主都應該盡量設想到可能發生的違約狀況，以保障自身的權益。從付款方式、工程期限、工程變更及追加（減）、禁止轉包原則、工程監督及遲延履約等條款，均應明列雙方的權責歸屬和罰則，以避免權責不清。

像是一般最常碰到的工程期限問題，即關於開工、完工、延長（展延工期）或是暫停施工的情況。若欲防止營造商惡意停工、怠工，可於內文列出關於施工進度延遲的認定標準及懲罰性條款。又，工程變更及追加減的部分，營造商應書面告知業主，否則營造商不得任意擅自變更設計或追加施工項目。

（※相關合約擬定，可參考 PLUS 4 營建工程合約範本。）

Questions 106 和營造商簽約時有哪些需要特別注意？

合約簽訂前要思考可能會發生、遭遇到的問題，除了合約要看仔細之外，報價單（估價單或工程標單）的計價方式也要再次確認清楚。

簽約時，要注意是否有明列完工期限、逾期違約金如何計算，以避免工程延誤；關於付款辦法中各階段工程申請監造單位估驗計價的時間點、認定標準，也應該記載清楚，以避免合約付款標準發生爭議。又，關於追加工程預算的程序（廠商報價、業主確認），也應該有條文規範。

另外，在完工驗收部分，常見合約對於「完工」、「竣工」並未明確定義。因此，營造廠會主張工程已實質完成就視為已經完工，但屋主則主張營造廠應改善驗收後發現的所有缺失，才算實質上完工。這部分應該在簽約時就雙方談妥，以免日後衍生「尾款應否付款」的爭議。

另外，保固期間的責任和瑕疵判定，也很容易引起糾紛。屋主認為是工程上的疏失，營造商則認為是屋主使用不當。保固條款究竟該如何擬定，判定是否要交由第三方鑑定單位，均可事前詢問法律顧問為佳。

Questions 107 工程合約裡有一條「未估價到或未施作部份再行加、減價金」，這樣是否會讓營造商無上綱的追加預算，要如何修改才不會有問題呢？

在審查工程合約的估價單（標單、施工細目表）時，雙方均有義務仔細核對、抓出漏項。關於漏項發現後，必須施工費用的比例分攤，事前也不妨在合約裡記載清楚。關於變更、追加設計及施工，應寫明報價程序，可避免營造商擅自、任意變更或追加。

關於估價，雙方都有監督審核的責任。因此，當業主拿到營造商提供的施工細項估價單，應該要核對和施工圖上的項目是否相同，藉此儘早抓出漏項，並再增補合約。萬一等到施工時，仍有遺漏的工程費用發生，則因按照總價承包的精神，是承包商有施工義務，但相關費用即應按照雙方約定的比例分擔（例如營造商出4成，業主出6成的費用）。

若施工途中有需要變更設計，營造商應該先以書面告知業主並提供報價，等到業主回覆確定無誤，再行施作追加。經過一定的程序來審核，就能降低費用任意追加的風險。

Questions 108

我買一塊土地付定金後，發現有20坪的地是排水溝，再加上隔壁鄰居有侵佔土地，但仲介和地主未事先說明且不願積極協調，可以要求退訂不買嗎？

可以不買。但因此案是可歸責於地主的事由導致未履約，故買方可向地主要求退還定金，並同時請求加倍賠償。

為了避免土地產權不清的情況，在簽約付定之前，應請求地主辦理鑑界，以釐清與臨地間之界址、有無侵佔及實際正確的坪數。若賣方（地主）未事先告知，存有排水溝、鄰居佔用土地情況，則為可歸責於賣方之事由，導致合約無法履行。此時，按照民法第249條第1項第3款的規定：「契約因可歸責於受定金當事人之事由，致不能履行時，該當事人應加倍返還所受之定金。」意即，賣方除了必須歸還定金外，尚應加倍返還定金。

另外，賣方應有責任向鄰居調解侵佔問題，故買方可發函催告賣方處理的期限，若在期限內解決不了，當然買方也可以解除契約或要求減價。

Questions 109

土地過戶後申請鑑界，卻發現隔壁地主佔用我們的土地，但原地主和仲介保證有鑑界過產權一切清楚。這樣事後才發現的問題，可以告原地主嗎？在合約中該如何規範？

可以提告，請地主負損害賠償責任。事前可在合約中加註「賣方保證產權一切清楚」的說明，以及條列相關的違約責任。

簽約時，如仲介和賣方保證產權無問題，通常會附上一份有不動產現況說明書，並會在合約書上註明「產權一切清楚無任何糾紛」等字眼，同時加上相關的違約條款說明，例如制訂懲罰性違約金。

若在事前未調查清楚，而發生被鄰居佔用的情形，可要求賣方負「權利瑕疵擔保」的賠償責任，通常以減價為原則，例如退還和被侵佔坪數相等的金額。

又，如果合約中事先已寫明「產權若有任何紛爭或不清的地方，即可無條件解約。」此時就可無條件解約，請求賣方退還金額，並將土地過戶返還。

Questions 110

不喜歡建築師設計的立面圖和平面圖，想要重新思考。建築師卻說現階段的圖面已請結構技師計算，若要換圖，要我先付六成的設計費。但我還未確認圖面的狀況下付費，這樣合理嗎？

必須視合約內是否有載明每個設計階段須付的費用，若有寫明付費比例和方式，即須付清之。若未寫明，則建築師可能無法收取費用。

基本上，這是雙方溝通不良所引發問題。建築師基於專業，應要在事前確立設計方向，避免修圖重來；且建築師也應該掌握各階段的流程，在未完成圖面設計的狀況下，若需請結構技師畫圖，也應主動向業主告知。

以本案的狀況，倘若建築師以未完成品自行請結構技師先繪製圖面和計算，導致業主不買單，若事先合約未寫明收費方式，建築師就可能必須舉證服務價值有達到6成的費用；若無法舉證，就難以收取費用。

若在合約中，事先有列舉各階段設計圖面的收費方式和計算標準，儘管圖面尚未定案，則因建築師也已付出相當心力和勞力，因此業主自然仍需依照合約標準，支付建築師費用，方為合理。

Questions 111

我買一塊地請老農申請建照，但在蓋房途中遇到老農過世，子女繼承了老農的土地，結果他們不願意賣該怎麼辦？可以強制他們履行合約嗎？

法律上，子女繼承老農的土地，同時也承受其買賣合約，因此可強制他們履行。

若老農過世之後，子女繼承到土地，子女必須在繼承的遺產範圍內履行被繼承人（老農）的債務。因此，土地買賣合約對子女也有拘束力。倘若子女均拋棄繼承的話，若日後由國有財產局接管，國有財產局同樣也受合約規範，必須要將土地和房屋過戶給買方。

Questions 112

我買一塊有房屋的土地，原地主承諾會負擔拆除費用，但土地和房屋過戶後，原地主卻反悔，可以強制他履行合約嗎？

可以請求原地主強制履行合約，但前提是合約中有寫明原地主必須負擔拆除費用。

一般來說，為了避免爭議，在過戶前就應該先請地主將房屋拆除完畢。若事前原地主允諾負擔房屋的拆除費用，應在合約上會註明之。除此之外，也會考慮拆除期限、整地的費用該由誰負責，或是違約該負的賠償責任，簽約前都應設想周全。

若合約上沒有註明，僅口頭約定，買方當然會比較吃虧，即可能無法強制原地主履行義務。

Questions 113

營造商以工資和材料漲價為由，叫我們先預付營建費，但付了之後又沒動工，多次協調也無效，我可以單方面終止合約嗎？

若預付費用之後卻不動工，導致施工進度落後達到合約中約定的施工落後比例，此時營造商已構成違約的情況，業主可依照合約單方面終止合約。甚至，如果合約中明訂「違反開工時間可無條件終止或解約」，則單純以遲延開工為由，也可以提前終止契約或解約。

1從付款理由的正當性來看：營造商以工資和材料漲價為由，要求預付費用。在簽訂合約前，若已知施工工期數很長，可寫明工資和材料得依日後物價調整指數去調整，議定補貼的費用分攤比例。一般來說，工期越短，則補貼的合理性較低。若在工期短的狀況下，要求預付即未必合理，因此業主可拒絕支付；此時營造商不得擅自停工，若停工進度落後，違反合約內明訂的進度，業主即可終止合約。

2若合約中已寫明補貼條款的狀況：一般工程合約涉及到「補貼」的情況，主要有兩種：一是，因為原物料或工資上漲（前者情況較常見），則依照日後物價調整指數、基本工資調漲比例，去計算出補貼的金額，在當期或次一期請款時一併支付之。另一種是所謂的「找補條款」，因為實際施工數量、坪數可能與合約訂立時有些微落差，導致最後結算的工程費用可能與原訂工程總價發生差額，則在一定的比例內（通常約定為正、負5％），雙方均不向對方請求退款或增加付款。意即，假設最終的總工程費用超過原價的6％，則5％由營造商吸收，剩下的1％則由業主支付之。若少於5％，則營造商不得向業主請求增加付款。

但是，即便有「找補條款」，不等於工程費用當然可以要求預付。「找補條款」原則上是最後結算時再一併補貼予營造商，故營造商不得以合約中有「找補條款」即要求提前支付。若因業主不同意提前預付，而營造商竟擅自決定停工，導致施工進度落後，實則為營造商構成違約的情況，業主可請求營造商復工，若最後有造成遲延完工，也可以請求遲延違約金罰款。

Questions 114

蓋到一半發現營造商施工不良，偷工減料，決定終止合約，在法律上有什麼方法可以強制請對方修復偷工減料的地方嗎？若事後發生因為建築物施工不良，造成人身安危的問題，可以向營造商求償嗎？

業主可以終止合約。若業主已先預付施工款項，則可限期請營造商修復偷工減料的地方。

由於是營造商偷工減料或不按圖施工，導致業主不得不終止合約。若業主尚未付款的情況，且營造商尚未達成該期的施工進度，業主可不必支付當期費用，也無須請他修復偷工減料。

若業主尚未發函終止契約，且已先預支付施工款項，鑑於營造商應負得承攬人瑕疵擔保的責任（民法第492條～第497條規定參照），補正所有的施工缺失。因此業主可發函催告營造商限期趕上進度，趕工期間所增加的費用（如加班費等），也應由營造商自行吸收。若限期內未修繕完成，業主可以終止合約，並請第三人接手，並針對支付給第三人修繕的費用，向營造商求償之

另外補充一點，為了使營造商負起瑕疵擔保和善盡施工進度的責任，若業主預先支付工程費用時，則應請營造商於收款時開立同等金額的本票（銀行商業本票為妥），以防營造商收款後卻無法履約。

此外，關於施工不良，如果導致鄰損或屋主、勞工有人身安危的情況，除了可向營造商求償外，也可以事先訂約要求營造商投保「營造工程綜合損失險」、「營造工程第三人意外責任險」來保障。

（※關於終止合約的條款，可參照PLUS 4營建工程合約範本的第二十四條第二項。）

Questions 115

請承包商蓋房時，將原建築師擅自更換成他們公司配合的建築師，導致施工和申請建照的圖不合，害我們必須重新施工使得工期延宕，重新施工期間又遇到建材漲價，合約中明訂需由業主支付，但明明是因營造商造成延宕，我們該付這筆費用嗎？另外，遲遲無法完工，可向營造商求償嗎？

由於是營造商施工不當和建築師監督不周，造成工期延宕，業主可不用支付建材漲價的費用，再加上延宕的情況，可向營造商和建築師求償遲延的費用。

先一一分析此案的情況：

1建築師人選：營造商擅自更換建築師一點，本屬違約。業主可在合約中明訂建築師人選，及若須更換，應經過業主同意。

2施工狀況與施工圖不合，須重做導致工期延宕：即便更換建築師人選後，營造商和建築師都應按圖施工。依本案狀況，營造商施工不當，建築師又未達到監督之責，導致施工狀況與圖不符，兩者都有責任。若合約中有遲延的懲罰條款，業主可向兩方請求連帶賠償逾期罰款（對營造商是根據工程營造合約，對建築師則是根據委託監造合約），罰款多為工程總價的千分之一至千分之三。

反之，如果建築師或營造商能夠證明「與圖不符的問題，是因業主指示所造成」，根據民法509條：「工作物之毀損、滅失或不能完成係因定作人供給材料之瑕疵，或指示不適當時，如非可歸責於承攬人者，承攬人可請求已服勞務之報酬。」意即，若是因業主的指示不適當，且營造商或建築師也曾向業主提出警告（此點應由營造商或建築師提出舉證），而業主仍一意孤行，造成重新施工，此時延宕的責任即應該由業主負擔之，故業主仍必須支付重新施工、建材漲價等延伸費用。

3重新施工期間遇到建材漲價：雖然合約中已明訂由業主支付建材的漲價費用，但由於是營造商和建築師違約在先，導致遇到材料漲價的情況，則業主無須支付任何費用。

Questions
116

房子蓋好住進去半年後發現陽台有漏水問題，請營造商回來修復，卻說是我們自行使用損壞的，但明明是之前施工不當，再加上房子在保固期內，卻要我們吸收費用，這樣合理嗎？

不合理，若業主能夠證明是營造商原本就施工不當所造成的，則營造商應負起修復責任和費用，業主尚根本無須動用到保固條款的保障。

一旦房屋發生問題，通常會請第三方來鑑定是「人為使用損害造成」或「原先施工不當」，因此在保固條款中，可指定第三方鑑定機構，例如建築師公會、結構技師公會、土木技師公會等來進行判定。

若屋主能夠證明「陽台漏水是營造商施工工法不當造成」或「使用非防水的材料」，此時根本和保固責任無關，而是營造商本來依照合約應盡的瑕疵擔保責任，甚至在營造商修復完成時可再重新起算保固期。

若是無法釐清「營造商的施工瑕疵」或「人為使用破壞」的狀況，動用保固責任來處理問題即是一便宜可行作法。本案狀況是在保固期內發生漏水問題，則營造商應負起責任維修之，若有預留「保固保證金」（通常為工程總價之5～10％），則如果營造商拒絕維修，則業主可自行修繕並從保固保證金扣除。

不過，有一點要提醒注意的是，保固條款中若寫成「需業主證明施工不當才會進行修復。」意即，「證明責任」在業主這方時，必須業主提證明的話，則此一條款本質上是「假保固」。因為，施工不當造成瑕疵本來就是營造商的責任，儘管保固期已經過了也應該要負責。

營建工程合約書範本

立合約人：
〇〇〇　（以下簡稱甲方，即業主）
〇〇公司　（以下簡稱乙方，即營造商）

經雙方協議，同意簽定本契約條款如下 ：

第一條：工程地址

〇〇縣（市）。

第二條：工程範圍

一、依本合約所附之估價單（即指工程標單）、施工圖說及其他附件所示之工程項目。

二、協助取得使用執照。

第三條：合約總價

一、本工程總價為新臺幣（下同）0000 萬元整，包括為完成第二條所列項目所需之建材選用、現場施作人工、機具設備、安全設施、清潔衛生、保險費、稅金（含營業稅 5%及印花稅）及其他一切必要之報酬、費用在內。

二、前項本工程總價，除本工程項目有依第六條約定辦理追加或變更、依第十四條辦理設備及人工費用之追加情形外，乙方不得以各工程圖說或估價單內容所有缺漏，或其他名目、理由向甲方要求加價；另本合約簽訂後，縱有發生工料、油電、運費等物價變動、調整情事，亦不予調整單價、補貼或追加工程款。

三、本合約估價單所列項目以一式定價者，視為已包括完成該工程項目所必要之一切材料、零件、配件、工法及人工之報酬、費用。

第四條：付款方式

一、第三條第一項所定工程總價，由乙方依下列附表所示各階段施工完成比例，分六期向甲方請款，經甲方審核、查驗符合各階段施工進度、施工品質後，於七日內給付之：

期別	工程進度	支付比例	最多核撥金額	備註
1	基礎工程完成	30%		須提出第 2 期同額本票
2	鋼構 H 型鋼安裝完成	30%		須提出第 3 期同額本票
3	所有外窗框完成	10%		須提出第 4 期同額本票
4	所有內牆粉光完成	10%		須提出第 5 期同額本票
5	所有外牆浪板及磁磚施工完成	10%		須提出第 6 期同額本票
6	取得使用執照	10%		須提出保固履約擔保本票

二、乙方請領工程款時所用之印鑑，應與本合約簽訂所用之印鑑相符，且此項工程款不得轉讓予第三人或委託第三人代領。

三、乙方依第一項約定辦理第一期工程款之請款時，應開立與第二期工程款同額之銀行商業本票乙紙交予甲方以為擔保，嗣甲方同意撥付第二期工程款時，一併返還予乙方；乙方辦理第二期、第三期、第四期及第五期工程款之請款時，亦應比照辦理之。

四、乙方辦理第六期工程款之請款時，應同時依第三條第一項所定工程總價 5% 計算，開立同額之銀行商業本票乙紙交付予甲方，以為本合約第二十三條保固責任履行之擔保，嗣保固期滿且無扣款事由時，由甲方無息退還予乙方。

五、本條第三項、第四項所定之銀行商業本票，除非乙方有重大違約情事，且經甲方書面通知仍未予履行、補正時，甲方始得行使該本票權利。

第五條：工程期限

一、開工期限：乙方於民國〇〇〇年〇〇月〇〇日前完成合約手續，並開始作變更設計（三十日），並於變更設計後取得甲方建築執照正本後申報開工程序（三十日）後正式動工。

二、完工期限：自乙方動工日起，於二百四十個工作天完成本工程，並協助甲方於三十日內取得使用執照。但〇〇〇年農曆春節休假九天（自〇〇〇年〇〇月〇〇日至〇〇月〇〇日），及因天氣、天災因素致無法施工之期間，則應扣除之，不計入工作天。

三、延長工期：如因天災、人禍確為人力所不能抗拒，或其他非乙方因素致需延長完工日期時及分段施工或責任歸屬於其他分包商者乙方得申請甲方核定延長工作天數。

四、暫時停工：關於第四條第一項附表所示第一期、第二期工程款，如甲方未於審核、查驗符合各該階段之施工進度、施工品質後七日內付款時，乙方得暫停次期工程之繼續進行，因此所產生之工期延宕，得自前項所定之工作天數中扣除之。惟一經甲方付款，乙方應即於次日繼續施工，前項所定之工作天日亦繼續計算之。

五、關於本工程之開工、停工、復工、完工，乙方均應於當日以書面報告甲方，並以甲方書面審核核定之結果為計算工期之依據。乙方不為報告者，甲方得逕行核定之，乙方不得異議。

第六條：工程變更及追加減

一、第二條約定之工程範圍，及第三條約定之工程總價，除有本條第二項情形外，於本合約簽訂後，甲、乙雙方均不得要求增減之。

二、甲方對本合約工程有隨時以書面通知乙方變更、追加（含新增，以下同）工程項目或增減工程數量之權利，乙方不得異議。

三、關於變更、追加工程項目，及增減工程數量之工程款計算，如已於估價單中明確定有單價，則依該單價計算定之，否則應由甲、乙雙方協議合理單價後定之。

四、關於變更、追加工程項目，及增加工程數量所需時間，乙方得請求甲方適當展長工期；關於減少工程數量（含減少工程項目）之情況，甲方得要求乙方適當縮短工期。

五、本合約各期工程進行中，如有工程項目之變更、追加或工程數量之增加，均應由乙方依本條第三項約定算定單價、工程款，並填具變更、追加工程項目之估價單（其內容應包括明確估價）及工期變更建議內容，嗣交付予甲方書面簽章確認之後，乙方始得進行施作。

六、乙方違反前項約定，未經甲方書面簽章確認，即擅自、逕自為工程項目之變更施作，或擅自、逕自追加施作其他工程項目，該變更、追加施作範圍均不予計價，且乙方不得以任何理由向甲方主張請款。

第七條：函件通告

本合約簽訂後，經甲、乙雙方（含各自代理人）來往之文件報表、施工細則說明書、附件說明，無論面交、郵寄，經雙方簽章確認無誤後，均為本契約內容之一部分，除非能證明存在顯然錯誤之情事，否則雙方均不得再行爭執。

第八條：禁止轉包原則

一、除有下列所列情形之一外，乙方不得將本合約範圍內工程項目之全部或一部轉包予第三人，否則甲方得解除契約，並向乙方請求賠償第三條所定本工程總價同額之懲罰性違約金：

（一）乙方將部分工程項目轉包予第三人，並事先以書面（內容必須包含該第三人名冊、擬轉包工程項目）通知甲方，經甲方書面同意。

（二）由甲方指定之一部份專利工作，或必須持有某種特殊機具始能完全施工之工程項目。

（三）乙方依一般營造實務慣例，將部份人工依按件給資或按量給資方式，交由熟練、具備相關工程經驗之技術工頭承辦，並事先以書面（內容必須包含該第三人名冊、擬轉包工程項目）通知甲方，經甲方書面同意。

二、前項所稱轉包，係指乙方將本合約中應自行施作之全部或部分工程項目，交由其他廠商或第三人代為履行。

第九條：工程圖說及附件之效力

一、本工程之所有施工圖說、施工說明書，及本合約有關附件（包括但不限於估價單、工程預定進度表等文件），乙方均應切實遵照辦理之。

二、本工程如有變更、追加（含新增，以下同）工程項目，或追加工程數量，致施工圖說有調整之必要時，甲方得向乙方提出修正之施工圖說，乙方亦應遵照辦理之。

三、乙方施作工程項目，不符本條第一項、第二項所列文件所示內容者，各該不符內容之工程項目，其實際施作部份均不予計價，且甲方得要求乙方限期補正之。

第十條：工程監督

一、甲方所派主持工程之工程人員及建築師，均有監督工程及指示乙方之權。

二、甲方所派主持工程之工程人員及建築師，如發現乙方工人有技能低劣、不聽指揮之情事，得隨時通知乙方更換之；如發現乙方所施作工程草率、材料低劣，不合雙方約定者，得通知乙方拆除重做，乙方應承擔相關一切損失，且不得要求延長工期。

第十一條：工地管理

一、乙方須遴派具有五年以上有工程經驗之代表常駐工地（如因工程需要，更須派駐副理級以上人員）擔任工地主任，負責督導工程，並職司工人之管理，嚴格約束工人遵守紀律，如有任何糾紛或違法行為，概由乙方負完全責任。如工人遇有傷亡或其他意外情事，應由乙方自行處理，與甲方無涉。甲方如認為乙方所派負責人不稱職時，得通知乙方更換之。

二、乙方應每日確實填寫工程日報表，並於當日傳真至甲方指定之下列號碼：02-○○○○-○○○○及02-○○○○-○○○○；如有未確實填載或傳真通知甲方之情事，因此造成之損害，概由乙方負責之。乙方依本合約第五條第四項約定之暫時停工期間，亦應按日填寫工程日報表，並於每週末、每月底將工程項目受影響部份以書面通知甲方。

三、甲方認為有必要時之建材，乙方應提供樣品供甲方查驗之。

四、乙方依第一項約定遴派之工地主任，應於每週定時向甲方指派之工程人員及建築師報告本週工程狀況、實際工程進度，以及下週預定工程之施工計劃。

五、甲方指派之工程人員及建築師，均有權對於乙方工程狀況、進度以及工程預定施工計劃中之不合理處提出意見，嗣乙方必須提出改善措施。

六、甲方認為有必要時，於乙方施作前，得通知乙方提出施工大樣圖（或施工細部圖），供甲方或建築師先行確認之。

第十二條：工作場地及設備要求

乙方對於工人之食宿醫藥衛生，以及材料工具之儲存房屋，均應備具完善之設備。

第十三條：進場材料及機具

一、所有施工所需之材料、機具，除雙方另有書面約定者外，概由乙方自備。

二、關於本工程施作使用之材料、機具，甲方有權隨時查驗之，如有委託其他公正機關辦理查驗時，其檢驗費用由乙方負責支付之；經查驗不合格者，應立即遷出場外。

三、乙方非經甲方書面簽章同意，不得擅自變更甲方業已選用、指定之材料，或以其他估價單、施工圖說、施工說明書或其他經雙方簽認之合約附件內容所列以外之材料替換之，否則該變更、替換之材料不予計價，相關退、換費用概由乙方承擔，乙方絕無異議。

四、本合約估價單、施工圖說、施工說明書或其他經雙方簽認之合約附件內容所列工程項目，如有完成該項目所需之材料、設備未載明之情事時，於甲方以書面通知乙方為補充確認前，乙方不得擅自訂購，否則因此衍生之退、換貨費用或損失，亦由乙方自行承擔之。

五、乙方應依實際施工進度需要，辦理材料及機具之進場，並自行妥為保管；如有失竊、虛報或乙方保管不當致影響工程項目之施作品質時，乙方應自行盡速補足、補正之，且不得以甲方名義向第三人訂購材料或機具。

六、涉及本合約各工程項目所使用之材料，乙方應於開始施作前，預先書面通知甲方於工地檢查之；甲方為上述檢查時，並得通知乙方提出相關必要之證明文件。

七、甲方應於收到乙方前項書面通知後 24 小時內完成檢查，逾期乙方得進行施工；甲方未完成檢查前，乙方不得逕自施工，否則因此衍生之拆卸、清運或更換等一切費用、損失或工期延宕，概由乙方承擔之。

八、關於下列各款情形所列文件，不待甲方通知要求，乙方應確實、按期主動提供予甲方：

（一）每批鋼筋材料進場，須附供應廠商無輻射鋼筋證明、規格標示單及法定檢驗報告書，供甲方檢驗。

（二）關於預拌混凝土，乙方須提供預拌混凝土品質保證切結書、無海沙氯離子證明書，並作提出強度試驗之法定勘驗報告，供甲方檢驗。

（三）防風實驗證明書及防鏽、抗震檢測報告。

九、經甲方檢查不合格之材料，乙方應立即撤離工地，否則甲方得以廢棄物處理之；經甲方查驗合格、無誤之材料，非經甲方書面同意不得撤離工地，視為構成本合約第二十四條第二項第六款之違約情事。

十、所有已施工中之材料，經甲方查驗合格、無誤者，若為甲方已付清款項之部份，其所有權歸屬於甲方，乙方不得任何主張及移作他用。

第十四條：加班趕工

一、本工程進行期間，如因工程進度落後，為符合進度要求，經甲方認為必須增加工人或加開夜班時，乙方應即照辦，不得推諉拒絕，並不得要求加價。

二、甲方要求乙方超出預定進度施工，致乙方必須在夜間加班施工者，對趕工必須增加之設備、人工，則由乙方提出趕工計劃書，經甲方書面核定後，按實際需要辦理設備及人工費用之追加。

第十五條：交通維護

一、乙方於本工程之施工過程中，應負責維持交通，不得妨礙正常往來通行，如有必要時，須由乙方向工業區管理處辦理申請。

二、若有因交通違規致甲方遭開單受罰之情事，該相關罰款概由乙方承擔之。

第十六條：環境清潔與維護

一、凡在施工範圍內挖出之廢土及完工後騰餘之磚塊、砂石及其他廢料，應依標單內容及廢棄物清理法規定儘速清除，延誤不予清除而受罰，概由乙方負責。

二、工地周圍排水溝因本工程施工所發生損壞或淤積廢土、砂石均應隨時修復及清理，如延誤不予修護及清理，致生危害環境衛生、公共安全事件，概由乙方負完全責任。

三、工地清潔及環境品質維護，乙方均依相關環境保護法規辦理。

四、關於本條第一、二項情況，經甲方書面通知三日內乙方仍未處理完畢者，甲方得逕行委請第三人代為清理，所需一切費用及罰款，均自乙方得請領之工程款中扣除之。

第十七條：安全措施

一、乙方應確實遵守勞工安全衛生管理法及其施行細則，暨營造業安全衛生設施標準等規定。

二、本工程施工期間，乙方須於工作地點依照道路交通標誌、標線、號誌及設置規則，設立顯明之標誌，以策安全。

三、乙方對於工地附近人民生命、身體及財產之安全必須預為防範，如因疏忽致生傷亡或其他損害，概由乙方負責之。

第十八條：工程保管

一、本工程項目未經最後、正式驗收合格以前，所有已完成工程及到場材料，包括甲方供給或乙方自備經甲方估驗計算者，均由乙方負責保管，如有損壞缺少，應由乙方負擔。

二、本工程項目未經最後、正式驗收合格以前，如甲方有使用需要時，乙方不得拒絕。但必須先由甲、乙雙方協商認定雙方之權利與義務後，始由甲方先行接管使用。

三、依前項約定由甲方先行接管後，如因甲方或甲方允許之人使用不當，或其他天災、事變或不可抗力所致生之損害，則由甲方自行負責，或另支付費用委請乙方修復之；如因乙方施作不良或材料不佳，或其他可歸責於乙方之事由所致生之損害，則由乙方負責修復之。

第十九條：營造保險及災害處理

一、本工程於開工日起至甲方正式接管日止，乙方須投保營造綜合工程保險及僱主意外責任保險，並至遲於開工後三十工作天內向甲方提交相關投保證明文件；如乙方未予投保，或有投保額度不足，致甲方須額外賠償第三人時，甲方得於賠償第三人之同額範圍內，將乙方得請領之工程款扣除之。

二、本工程開工已逾三十工作天，經甲方書面通知乙方，乙方仍未提交相關投保證明文件予甲方，甲方得逕行辦理本工程範圍內之必要保險，相關保險費用支出，自乙方得請領之工程款扣除之。

三、就本工程相關鄰房安全事宜，乙方於施工期間須確實負責，倘因鄰房損壞或干擾等情事，而造成工地停工或賠償，乙方須負責理賠事宜。

四、於工程進行中遭遇颱風、地震、豪雨、洪水等不可抗力之天然災害時，或人為因素遭致甲方損失時，其一切修復費用由乙方負擔之，甲方不予補償；惟乙方得於災害發生後二十四小時內報請甲方派員會同前往工地勘察，經雙方會同勘查屬實，由甲方出具書面證明，按實際修復所需工作時間，予以延長工期。

五、前項不可抗力因素持續期間內，乙方仍應採取必要措施以降低該不可抗力因素對本工程範圍所造成之不利影響；該不可抗力因素消滅後，乙方應繼續履約之。

六、因可歸責於甲方事由，或依第六條辦理變更、追加工程項目或數量時，致工期延長時，乙方得依原付保費比例加價辦理本條第一項所列保險，並向甲方請求增加保險費支出之補貼。

第二十條：工程查驗及接管：

一、乙方依第四條第一項附表所示第一、二期，向甲方請款時，甲方有審核、查驗（初驗）各階段實際施工進度、施工品質之權利。

二、乙方於本工程項目全部完成後，應即依下列程序辦理之：

（一）以正式書面通知甲方，會同前往工地進行總驗收；甲方於接獲乙方通知後十五日內應完成總驗收，嗣甲方書面確認總驗收合格後，甲方應即支付第四條第一項附表所示第三期工程款。

（二）總驗收時如有局部不合格時（由甲方指派工程人員及建築師，按一般工程慣例為判定標準），乙方應即在甲方指定期限內完成修繕、補正後，再行通知甲方複查之。

（三）乙方通知複驗以二次為限，並不得要求延長工期；若經二次複驗仍不合格，甲方得自行委請第三人修繕、補正之，其相關費用概由乙方未領之工程款項中扣除之，乙方絕無異議。

（四）經總驗收合格後，甲方應於三十日內接管所有已完成工程項目。

三、關於本工程項目中涉及隱蔽工項部分，乙方於進行封閉前應先予拍照存證，並立即將照片傳送予甲方，以備甲方審核、查驗（初驗）。

四、關於本工程於施工中進行之查驗（初驗）及本工程完成後之總驗收，經甲方指派查驗人員認有開挖一部份以作檢驗之必要時，乙方不得推諉、拒絕，並應於事後負責免費修復。

五、甲方於初驗或總驗收時，如發現乙方使用之材料與約定不符時，則依下列約定辦理之：

（一）如為可拆除、抽換者（不影響其他構造物），乙方應即於甲方指定期限內拆除、抽換之，乙方不得要求甲方改以扣款、減價收受方式處理之，拆除、抽換期間亦不予延長工期。

（二）如不妨礙安全、美觀及使用需求，且經甲方書面同意可不必拆換，或拆換確有重大明顯困難者，則得以扣款方式處理之，扣款金額依合約估價單算定。

第二十一條：遲延履約

一、本工程之逾期違約金，以日為單位；如乙方未依第五條第二項約定完成履約時（包括第二十條第二項第二款及第三款修繕、補正期間之逾期違約金），應依逾期日數，每日按第三條第一項所定工程總價之千分之一計算逾期違約金，由乙方一次全數賠償予甲方。

二、前項逾期違約金之總額第三條第一項所定工程總價之百分之十為上限；賠償方式先自乙方尚未請領之工程款中扣除之，若工程款餘額不足時，則由乙方另現金補足之。

三、依本條第一項約定計算乙方應負逾期違約金責任之日數時，依本合約第五條第二項但書經甲方核定不計入工期之日數、依本合約第五條第三項經甲方核定應予延長工作天數，及本合約第五條第四項不計入工期之日數，均應予合併列入加減計算之。

四、乙方未依第五條第二項約定完成履約時，對於因不可抗力而生之損害，乙方亦應負責之。

第二十二條：涉及第三人債務糾紛

一、本合約工程進行中，若因乙方與第三人發生債務糾紛，經法院命令通知甲方扣押工程款，乙方仍不得藉故停工，亦不得藉故要求甲方增加或補貼本合約第三條第一項所定工程總價，或要求變更本合約第四條所定之付款比例及請款方式。

二、如因乙方與第三人發生債務糾紛，致本合約工程項目發生損害，應由乙方全部負責之。

第二十三條：保固期限及保固保證

一、本合約工程項目自總完工驗收後、甲方正式接接之日起保固三年，在保固期間內，工程項目如有走樣、裂損、坍塌、漏水、脫漆、褪色、鏽蝕、蟲蛀、剝落或缺損等任何損壞或瑕疵出現時，除乙方能證明該損壞或瑕疵係因人為不當使用或故意破壞所致，否則乙方應負責免費修復之。

二、本工程出現前項所列之損壞或瑕疵時，甲方得以書面檢附照片通知乙方，乙方應於甲方書面通知後十四個工作天內，立即、無條件修復完成之。依損壞或瑕疵情事，如有延長或調整前述修復期限時，則乙方應於甲方書面通知後三日內，以書面回覆甲方請求延長或調整之理由，另由雙方以專業、誠信協商定之。

三、前項修復期限內，乙方未完成修復時，甲方得自行使第三人完成修復，並向乙方請求使第三人完成修復之所有費用支出，乙方即不得再行異議；若乙方拒絕賠償上開費用支出，甲方得行使本合約第四條第四項所列銀行商業本票之權利。

四、除甲、乙雙方另有特別約定外，依本合約第二十四條第一項、第二項約定終止或解除本合約時，對於甲方終止或解除本合約時已完成之工程項目，乙方亦應依本條前三項約定，對甲方負保固責任。

五、於本條第一項所定保固期間內，如本工程項目所在之建物標的，其所有權有移轉予第三人時，乙方對於該第三人仍應依本條第一、二、三項約定，對該第三人負保固責任。

第二十四條：甲方終止或解除合約之情況

一、本工程未完成前，甲方得隨時終止本合約之全部或一部份工程之權利，一經甲方書面通知，乙方應立即停工，並負責遣散工人。另甲方應給付乙方之工程款金額（或甲方應予乙方之補償金額），依下列標準計算之：

（一）已完成之工程項目，經甲方依雙方約定查驗無誤，由甲方依本合約估價單核實給價。

（二）尚未完成之工程項目，及乙方已進場且經甲方查驗無誤之材料，由甲方依乙方實際支出之購入成本（須提出發票憑證供核對）、人工費用核實給價。

（三）尚未進場但為乙方已購置之材料，得由甲方直接代乙方承受與第三人之買賣合約，由甲方直接付款予該第三人；若乙方業已支付部分款項予第三人，甲方得請該第三人退款予乙方，另由甲方直接付款予該第三人。

（四）乙方業已進場之模校架料、棚場機具，依甲、乙雙方依本合約估價單所載單價議定，以補償乙方之損失。

二、本工程未完成前，如乙方有左列情事之一時，甲方得隨時終止或解除本合約，就一切損失向乙方請求賠償，並請求退還已支付予乙方之所有工程款作為懲罰性違約金；如甲方尚未給付乙方工程款，則得請求相當本合約第四條第一項附表第 1 期工程款比例計算之同額金額，以作為懲罰性違約金：

（一）乙方有向第三人借用涉及登記資格證件之情事。

（二）本合約簽訂前，乙方提供甲方關於本工程之企畫案內容（含實蹟紀錄）存有不實之情事。

（三）本合約進行中，乙方出現連續跳票、遭銀行列為拒往或出現資金周轉困難等情事，且乙方未主動告知並提供甲方已付工程款之同額擔保。

（四）乙方未經甲方書面同意遲未開工，經甲方限期催告仍不履行者。

（五）乙方於開工後進行遲緩，施工進度較預定進度落後已達百分之二十以上者。

（六）乙方擅自減省工料情節重大者。

（七）乙方已施作工程項目部分，經甲方查驗或驗收為不合格，而該不合格係出於重大違背營造實務、慣例作法之原因。

三、依前項約定終止或解除本合約時，甲、乙雙方權利義務依下列憑辦：

（一）乙方應立即停工，並負責遣散工人，所有已支出、未支付人工費用，概由乙方自行承擔。

（二）已完成之工程項目，經甲方依雙方約定查驗無誤，由甲方依本合約估價單核實給價；尚未完成之工程項目，均不予計價。

（三）乙方已進場且經甲方查驗無誤之材料，由甲方依乙方實際支出之購入成本（須提出發票憑證供核對）核實給價。

（四）尚未進場但為乙方已購置之材料，其購置費用概由乙方自行承擔。

（五）已進場之模校架料、棚場機具及其他設備，迄至甲方另發包委請第三人接手施工，該第三人所有之模校架料、棚場機具及其他設備進場前，均無償交由甲方全權使用。惟甲方於乙方退場後三個月，仍未發包第三人進場接手動工時，則乙方得向甲方請求返還之。

第二十五條：乙方終止或解除合約之情況

一、甲方有左列情事之一時，乙方得終止或解除本合約，且甲方須依本合約估價單所列單價，計算應支付乙方之工程款金額：

（一）工程項目需甲方之協力行為始能完成，而甲方不為該行為，且經乙方限期催告甲方履行，甲方仍未不履行者。

（二）本合約進行中，乙方出現連續跳票、遭銀行列為拒往或出現資金周轉困難等情事，且甲方未主動告知並另提供乙方未付工程款之同額擔保時。

（三）甲方書面要求乙方減少工程項目或工程數量達三分之一以上者。

（四）本合約簽訂後，因可歸責於甲方之事由致乙方在六個月內仍無法開工者。

二、依前項約定終止或解除本合約時，乙方並得向甲方請求下列項目金額之損害賠償：

（一）本合約簽訂後未能開工時：

1. 合約書裝訂成本費（含印花稅）。
2. 關於本合約項目中已實際執行之準備工作費用（如測量放樣、鑽探、細部設計等），但各筆金額不得超過合約估價單所列單價。
3. 工棚及租金費得依本合約估價單所列單價，依實際進場日數，按比例算定之。
4. 工地現場之水電費，得按實支付金額。
5. 工程施工進度必須預先訂制特殊材料，經事先書面向甲方報備，並會同甲方檢驗合格者，得按向第三人或其他廠商訂購成本計算之，但不得超過合約估價單中該項材料費之金額。

（二）本合約工程開工後：

1. 本合約約定之準備工作費、工棚租金，工地水電費及工程安全設施，均依實際施工支出。
2. 已完成工程項目，依本合約估價單所列予以估驗計價。
3. 進場材料費以實際施工進度需要，並經甲方檢驗合格為限，始得請求之；若因保管不當，致材料品質受影響者，該部份則不予計給。
4. 本工程停工期間，經甲方認定必要之現場待命人員（最多五人，且以乙方公司之員工為限），其工資按雙方議定之技術、一般勞力工資給付之。

第二十六條：乙方未依本合約第十五條、第十六條、第十七條規定及甲方指示辦理，以維護交通及排水、環境清潔及公共安全時，甲方得逕行委請第三人進行改善，相關支出費用概由乙方尚未請領之工程款中扣除，乙方不得異議。

第二十七條：工程疑議

本合約工程遇有爭議或相關約定事項之說明有欠明確時，應由雙方本於誠信原則盡力協商，如協商之後仍有歧見，則聲請公正專業鑑定機構，依相關法令及工程慣例協助為專業解釋。

第二十八條：合約內容未定之補充

本合約條款未予明定事項，均依民法、其他中華民國法令及其延伸之解釋定之，無相關法令及解釋者，應由雙方依履約誠信協商定之。

第二十九條：訴訟管轄

關於本合約所生糾紛，日後如有提起民事訴訟之必要，雙方同意由台灣板橋地方法院為第一審管轄法院。

第 三 十 條：聯繫方式

一、本合約履約過程、本工程施工過程中，甲、乙雙方如有協商、溝通需要，得以電話、一般郵件、電子郵件或傳真往來方式聯絡之。一般郵件方式應寄至後述雙方指定之地址，傳真、電子郵件則應傳送至後述雙方指定之傳真號碼、E-mail 信箱，始生效力。

二、本合約簽訂後，若一方有遷移住居或變更聯絡方式之情事時，均應主動告知他方；在第二十三條第一項保固期間內，若有遷移住居或變更聯絡方式之情事時，亦同。

第三十一條：合約份數及附件

本合約正本四份，由甲、乙雙方、甲方指派工程人員及建築師各執一份為憑，以昭信守。

立約合書人：

甲　　方：
負 責 人：
地　　址：
統一 編號：
聯絡 電話：
聯絡 傳真：
聯絡 E-mail：

乙　　方：
負 責 人：
地　　址：
統一 編號：
聯絡 電話：
聯絡 傳真：
聯絡 E-mail：

中　　華　　民　　國　　○○○　　年　　○○　　月　　○○　　日

Step 6

打穩蓋房基礎功，選擇合適的屋型&結構

Point1 RC、鋼構、木構，各類建築結構概要

Point2 平房、洋房、樓房各式造型大比拼

我要蓋這個
蓋成這樣最棒了
住這裡一定很幸福

Questions 117

鋼筋混凝土建築和鋼骨混凝土的最大差異為何？蓋房子選哪個好？

主要差別在結構體的材質。因為材質特性，導致建物無論是施工、隔間用料或是整座建物的抗震力，也都跟著不同。

1 鋼筋混凝土構造（Reinforced Concrete Structures，簡稱 RC）：主結構由鋼筋與混凝土來組成。施工時通常需等待混凝土乾凝到一定強度，才能逐層施工。因此，每建蓋一層樓約需一個月左右。若以無特殊造型設計的五層樓以下住宅，平均一坪約 NT. 5～8萬元起。

2 鋼骨建築或鋼構建築（Steel Structure，簡稱 SS）：乃是將工廠預鑄好的型鋼，以螺栓或焊接的方式接合成主結構；樓板則是在樑柱結構之間再澆置混凝土，內外牆面多以鋼板、玻璃等輕質建材組成。由於鋼骨建築不必等待混凝土硬固，再加上鋼材都為規格化，因此和 RC 結構相比，可節省將近一半的施工時間。若以無特殊造型設計的五層樓以下住宅，平均一坪約 NT. 6～9萬元起。鋼骨結構雖輕盈、耐震，卻有隔音效果差、易因地震或強風而晃動的缺點。若為高樓層住家，舒適性相對較差。此外，鋼骨樑柱在 450℃以上就會變形，火災發生時建築物容易斷成兩半；因此，樑柱等結構必須施作防火披覆，以延長防火時效。

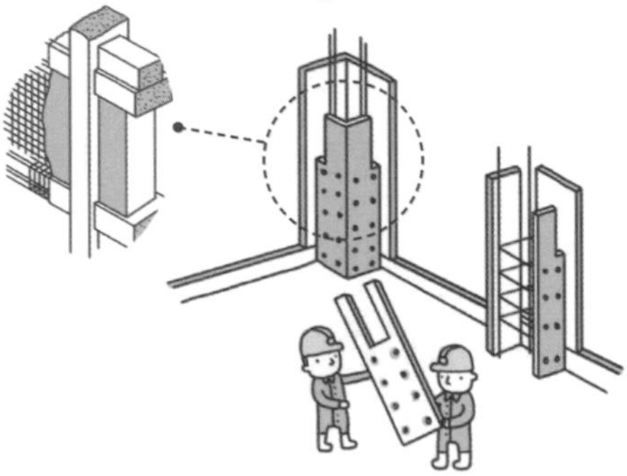

鋼筋混凝土構造

濕式工法，先以鋼筋銜接成樑柱、牆壁與樓地板則以鋼網組成結構；再於鋼筋與鋼網的結構外側築板模、澆注混凝土。

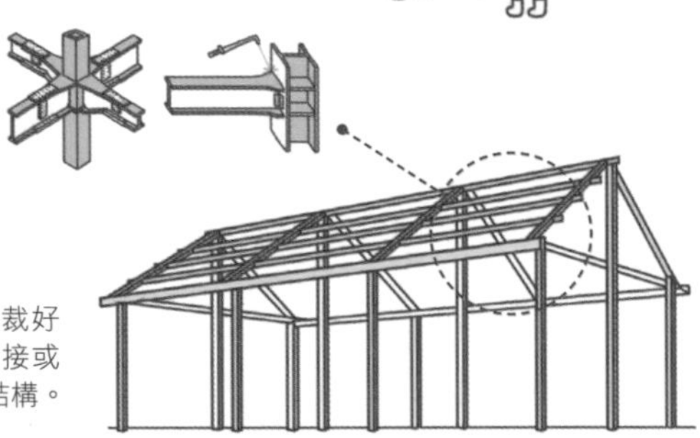

鋼骨結構

為乾式工法，預裁好的鋼骨在工地焊接或鎖螺絲，構成主結構。

RC、SRC、SS、LGS、木屋建築比一比

建築類型	鋼筋混凝土構造	鋼骨鋼筋混凝土構造	鋼骨構造	輕鋼骨	木屋（純木屋）
主結構材料	鋼筋、混凝土	鋼骨、鋼筋、混凝土	鋼骨	輕型鋼骨	杉檜等原木
主結構重量	相對較重	介於鋼骨與RC之間	相對較輕	相對較輕	相對較輕
建築造型	變化較小	介於鋼骨與RC之間	外形多變	外形多變	變化較小
抗震方式	透過樑柱的鋼筋混凝土來削減地震能量	透過樑柱的鋼筋、鋼骨與混凝土同時削減地震能量	透過鋼骨的搖擺來削減地震能量	透過鋼骨的搖擺來削減地震能量	透過樑柱的材質本身與搖擺來削減地震能量
遇震晃動	小	小	大	大	大
防火性	佳	佳	稍差	稍差	最差
隔音效果	佳	佳	稍差	差	差
建築適合高度	10層以下★	中高層建築（15～25層）	超高層建築（25層以上）	低樓層建築（5層以下）	低樓層建築（5層以下）
施工複雜度	高	最高	中	低	低
施工時間	長	長	最短	最短	短
建築成本	無特殊造型的五層樓以下住宅，平均一坪約NT. 5～8萬元起	無特殊造型設計的五層樓以下住宅，一坪約NT. 8～10萬起。	無特殊造型的五層樓以下住宅，平均一坪約NT. 6～9萬元起	一坪約5.5萬元起	一坪約6.5萬元起（2×4木構造）

★考慮到耐震性與承載力，法律規定鋼筋混凝土建築最多只能蓋到25層樓。

Questions 118

什麼是鋼骨混凝土建築？聽說造價比較昂貴，是真的嗎？

鋼骨鋼筋混凝土建築（Steel Reinforced Concrete，簡稱SRC），在鋼骨的外層再配置鋼筋，再灌入混凝土。造價的確會比混凝土建築和鋼骨建築還來得高。

鋼骨鋼筋混凝土建築兼顧RC與鋼骨結構的優點。相對於鋼骨建築，由於SRC的樑柱在鋼骨之外又包覆一層鋼筋混凝土，提高了鋼骨的壽命與防火性，也可避免地震波、強風等側向力量來襲時而變形過度。若與剛硬的RC結構相比，當SRC遇到強大外力時，由於有鋼骨的韌性來抵消震波，故結構體很難被破壞。因此SRC建築較不會在大地震時因為建物水平位移而有危樓的疑慮。

此外，鋼骨結合鋼筋混凝土的樑柱，也比純粹的鋼筋混凝土樑柱擁有更高的強度，較輕的建物重量；因此可大幅減輕遇震受損的程度。

不過，鋼骨結構需要精密的計算與準確接合，再加上SRC又要在鋼骨的外層包覆鋼筋混凝土；所以，SRC無論是在結構設計、建材成本、營造複雜度，都比RC或SS來得高。一般無特殊造型設計的五層樓以下住宅，一坪約NT. 8～10萬起。

鋼骨混凝土建築樑柱結構示意圖

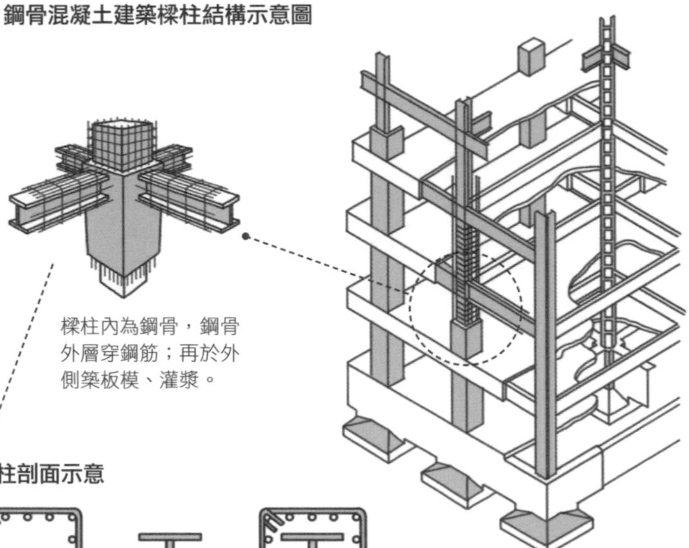

樑柱內為鋼骨，鋼骨外層穿鋼筋；再於外側築板模、灌漿。

樑柱由鋼骨、鋼筋與混凝土構成。簡言之，SRC = RC + SS

樑柱剖面示意

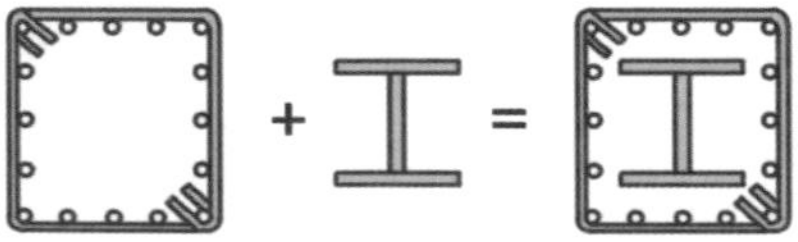

Questions 119

何謂輕鋼骨結構？這跟鋼骨結構有何差異？

輕鋼構建築用的是輕型鋼骨，質地輕再加上建築的體積較小，適合建蓋三層樓以下的獨棟住宅。造價也比鋼骨結構低。

薄壁輕鋼構（Thin Wall Light Steel Construction），簡稱輕鋼構。它與鋼骨建築同樣都運用型鋼來組成結構體，鋼材為預先在工廠切割，再運到工地用銲接或高強度螺栓來接合。因此，它同樣能大幅縮短工期。就廣泛定義來說，鐵皮屋也可算是一種輕鋼構。只不過，輕鋼構建築所搭配的各式外牆與屋頂，不僅重量更輕，且防火、耐熱又擁有高氣密性，能打造出舒適又安全的居住空間。

整體來說，輕鋼構與以往的鋼骨建築的最大差異在於：輕鋼構用的建材是輕型鋼骨，也就是尺寸較小、厚度較薄的C型鋼。而鋼骨結構用的則是厚度與尺度都較大的工字鋼（俗稱為H型鋼）。鋼骨建築適合蓋高樓，亦可用來蓋低樓層，但成本高出其他工法甚多，再加上低樓層也無法徹底展現韌性抗震等特色，故少有人用來建造住宅。

至於輕鋼構所使用的C型鋼，強度與承重力都不如重型鋼骨，因此，這類建築的體積較小，適合建蓋三層樓以下的獨棟住宅。其造價比鋼骨建築便宜，無特殊造型的三層樓以下住宅，平均約一坪NT.5.5萬元起。

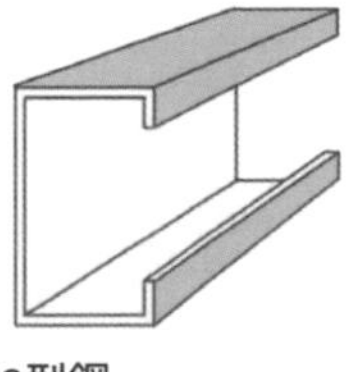

C型鋼

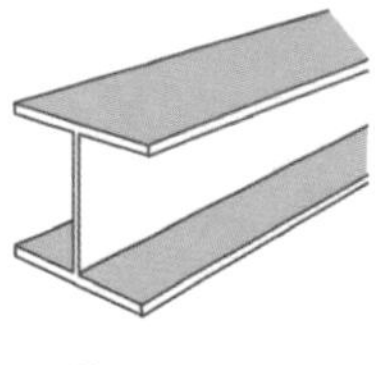

H型鋼

厚度與尺度都比C型鋼大。

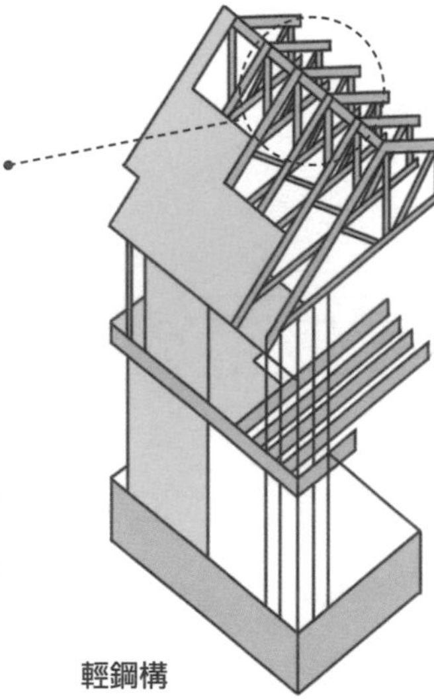

輕鋼構

以輕型鋼骨（C型鋼）構成樑柱、樓板的骨架，再鋪設輕質的樓板與牆面；屋頂最好也使用輕質的屋瓦，不宜搭配沉重的瓦頂。

Questions 120

台灣現行的木屋蓋法，有哪幾種工法？其優缺點各為何？

木屋的工法可分為三大類：原木疊砌構造（Log House）、大木工法、2×4工法。

1原木疊砌構造（Log House）：是歐美最傳統的木屋形式，以一根一根原木（Log）疊組成外牆。這種木屋的最大特徵，在於屋子的外牆轉角會露出左右交疊的原木末端。由於是用整根原木組成，外牆較厚，其防寒隔熱與調節溼度的機能較佳。缺點則是因為建築結構會限制屋頂造型不能做過多變化。由於都是以大型原木製作（視木頭等級而定），造價是三種工法裡最高的。

2大木結構：又稱為樑柱構架。整間房子以大根的原木（現在也可能會選用集成材）來構成樑柱系統，牆壁不負責承重。日本的佛寺、傳統民宅也都是大木結構。

3北美2×4工法：又名北美輕型木結構、框組架構。用2英吋×4英吋的原木打造出框架之後，再用合板鋪蓋，而構成牆壁與樓板。整組框架連同裡面的骨架與內外的合板，構成承重的結構。因此，2×4工法蓋的房子就不像原木屋或大木結構的建築會有樑柱。由於簡便又快速，約2個月左右即可完成。且材料皆規格化，較不會浪費木料。在這三種工法裡，它的造價最低，一坪約在NT. 6.5萬元起跳。

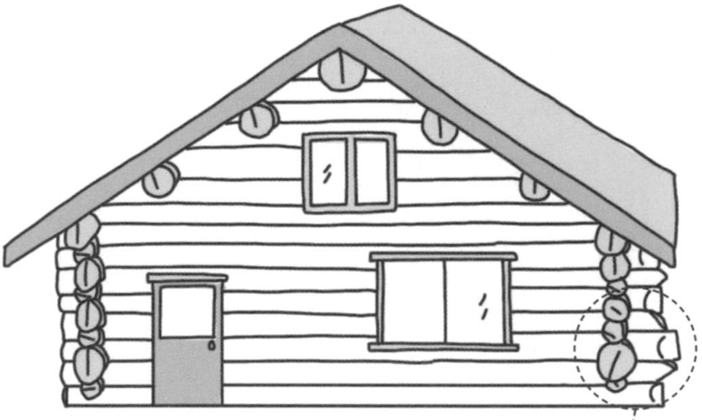

原木屋（Log House）

Log House用原木疊砌成外牆，屋角可見到一根根交錯的突出原木。

屋角會有交錯的木柱

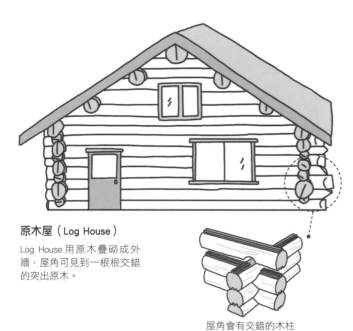

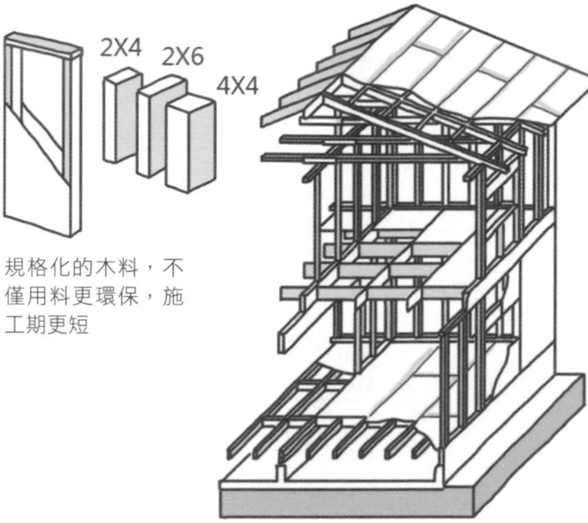

規格化的木料，不僅用料更環保，施工期更短

北美2×4工法

以2英吋×4英吋的角材構成框架，並於框架表面貼上夾板，構成牆面或地板。沒有大柱或大橫樑，所有的牆面或地板都肩負承重的機能。

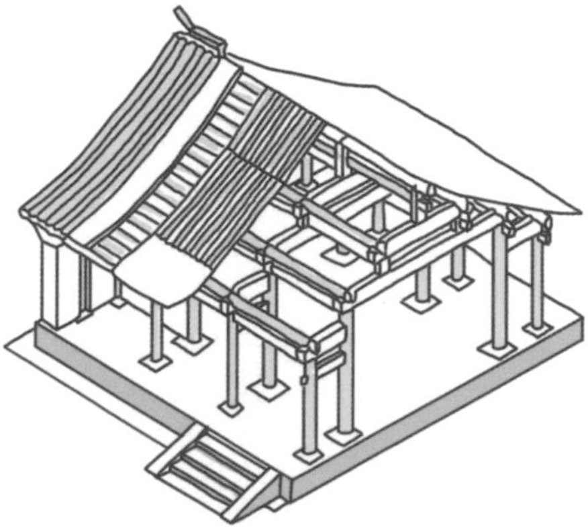

大木架構

以粗壯的木樑、木柱來支撐整座建築，牆面不負責承重。中日韓的傳統木建築即採此工法。

Questions 121

木屋常用的結構材質有哪些種類？

木構造房屋常見的木料材質，最常見的是SPF、歐洲雲杉、花旗松等。

1 SPF：是雲杉Spruce、松Pine及冷杉Fir的簡稱，這些木材生長在加拿大，呈現獨特的淡黃白色，木紋細緻光滑，材質柔軟，強度又佳，是上等的結構材。由於價格便宜，目前已經是台灣2×4木構造最常使用的木材。

2 歐洲雲杉（Picea abies）：歐洲雲杉是一種大型常綠針葉樹，也譯作挪威雲杉，高達35～50公尺，樹幹直徑可達1～1.5公尺，最常用作為結構材、壁板。

3 歐洲赤松（Scots Pine）：歐洲赤松是歐洲的原生樹種，在歐洲是大量作為木屋的結構材，也可作為Log-House的牆面，油酯度好，也被拿來提煉為芳香精油。

4 花旗松（Douglas Fir）：花旗松具良好的結構性，是大型跨距最常用的結構木料，大部分的膠合樑（集成材），都是採用花旗松來製作。

Questions 122

台灣為多震地帶，混凝土建築、鋼骨建築與鋼骨混凝土建築與木屋，如何來抗震？

硬度高的混凝土建築以剛性對抗震力，鋼骨建築則是用鋼骨的韌性抵消，鋼骨混凝土建築則是結合兩種的優點，以剛性和韌性對抗，而木屋則是利用各樑柱的支撐抵消。

1 鋼筋混凝土建築：混凝土很硬脆（剛性較大）。遇震時，可透過鋼筋與核心混凝土來消化地震能量，因此較不會搖晃。然而，也因為建材剛硬、缺乏彈性，一旦被震到變形時，牆面就會被扯出裂縫，嚴重者會斷裂。再加上台灣多震多雨，濕氣很容易侵入而形成壁癌，甚至侵蝕到鋼筋。若遇大型地震，鋼筋混凝土的樑柱無法負荷震波的能量。因此，RC建築除了樑柱，還需搭配剪力牆，加強整座建物的剛性與強度。

2 鋼骨建築：由於鋼骨的比重遠低於混凝土，鋼骨建築的重量因此相對較輕，建物受到地震的影響也會比較小。再加上鋼材韌性較佳，建物的高層雖在遇到地震或強風時會搖晃，但整棟建築物也藉由搖

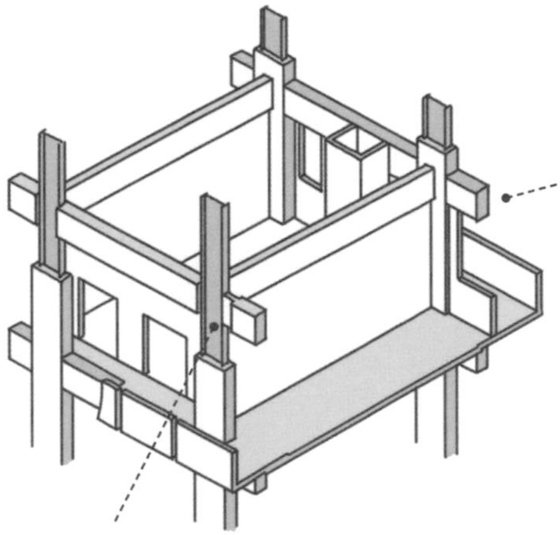

剪力牆內有鋼筋，可承擔垂直的重量與水平的拉力

鋼筋混凝土建築的抗震效應

鋼性建築遇強震橫向位移幅度大。

擺來抵消水平能量，以降低外力對建物的破壞。

3鋼骨鋼筋混凝土建築（SRC）：兼有以上兩類的優點。混凝土結構可提高隔音效果，也能在地震時減少建物變形的程度；柱體內的鋼骨則提供建築韌性並大幅減少重量。因此，當地震來襲時，此類建築被震損的程度通常較輕微。

4木結構建築：現代木結構的材質較輕，也具有較高韌性，再加上樓層少整體重量輕，故比剛性結構更能吸收震波。雖說有些木屋的結構並不是很牢固，但由於建物重量輕且又是柔性結構，即使遇到強震，在垮下之前也能撐上一段時間。

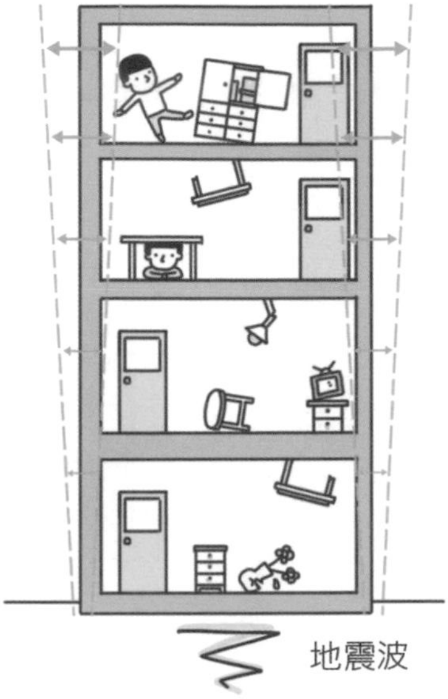

鋼骨建築的抗震效應

韌性強的鋼骨靠搖擺來抵消地震波對建物主結構的破壞。

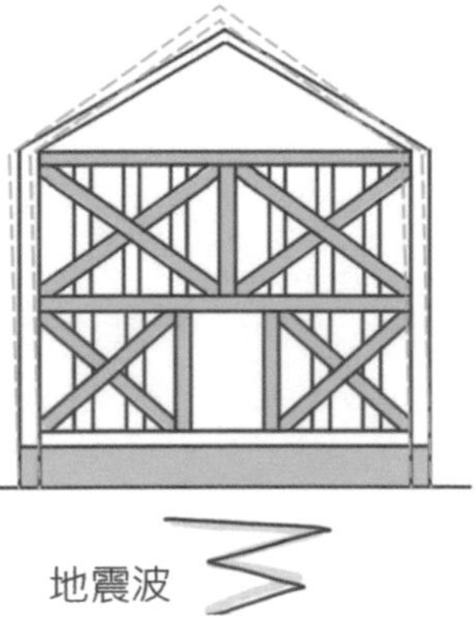

木建築的抗震效應

整座建物較輕、樑柱層層傳遞震波、牆壁也為承重結構而分散震波

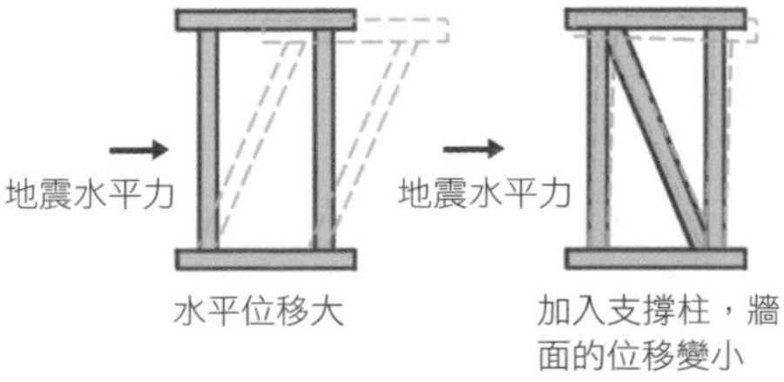

鋼骨鋼筋混凝土建築的抗震效應

柱子裡的鋼骨提供韌性，柱子裡的箍筋可抵抗水平剪力，柱子外圍的鋼筋混凝土加強建物的強度

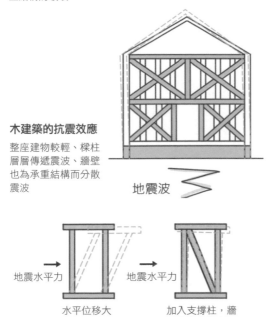

Questions 123

哪些問題是造成混凝土（RC）的房子漏水的主因？

混凝土建築的漏水情況，大致上可分為水源性漏水與結構性漏水這兩種類型。

以前者來說，最常見的就是自來水管的漏水。不管是因為管線過於老舊或被強震給震歪了，都會導致銜接處鬆脫或管壁破裂而漏水。此外，排水管、糞管也可能因為銜接處出現裂痕而導致滲漏。

至於結構性漏水，是混凝土建築最常見到的先天性毛病。混凝土若過於疏鬆、內有蜂窩，或牆體出現裂縫，這些縫隙可能是因為地震被扯出的裂紋，也可能是建物在營造階段因為分次澆灌混凝土所形成的冷縮縫。一旦下雨，水氣沿著細縫浸潤至室內，都有可能引發漏水或滲水。當然，混凝土建築得做好內外防水，防水層出現漏洞而導致漏水，也屬於結構性的問題。

混凝土建築的漏水部位和原因

位置	主要原因
屋頂	1 屋頂排水不良，有積水。 2 屋瓦鋪片與防水結構有漏洞，導致雨水入侵。
外牆	1 牆體結構有裂痕，導致雨水入侵。 2 牆體結構有蜂窩，導致水泥老化、出現漏洞。 3 外牆防水曾遭到破壞（如，懸掛看板而將釘子釘入牆內，雨水順著孔洞滲入）。 4 冷氣孔沒有做好填縫。
室內牆	1 管線滲露（牆內的水管破裂）。 2 防水有漏洞（浴室牆面防水層做得不夠高）。
天花	1 管線滲露（廚房、衛浴的排水管線出問題）。 2 防水有漏洞（浴室地板排水沒做好）。 3 樓上積水（頂樓露台積水、樓上衛浴間或陽台積水）。
門窗	1 門窗外側上方無雨遮等遮蔽物。 2 門窗外側上方沒有滴水線（溝），雨水回流。 3 門窗的氣密性不足，導致強風大雨容易透過縫隙鑽入室內。 4 窗台或門廳地板沒有做排水的洩水坡。

Questions 124

木屋如何防水？在哪些位置要特別重視這方面的問題？

木屋要做好防水，得先做好排水，再加上使用防水板、屋瓦等防水材隔絕。

木建築皆採用斜屋頂就是在於可利於排水。另外，屋簷最好出挑，並在邊緣加設集中雨水的溝槽，避免外牆被淋濕。

由於木材怕潮，除了地基抬高，遠離地面的濕氣，且還要避免水管漏水，尤其在衛浴間與廚房，無論是出水管、下水管、糞管，都要避免出現滲漏或回堵。因此在一開始就要規劃好排水，如果可以的話，這兩種空間最好能採用SI工法與木結構分開，也要加強地板與牆面的防水層。

屋頂封板的上方都要鋪一層以上的防水毯，避免雨水滲入瓦片縫隙。至於外牆與陽台、露台的地板，木料盡量避免使用遇水易腐朽的松檜杉，富含油脂的熱帶硬木比較耐水。外牆（尤其是迎風面）若能設置等壓層的結構，能抵抗風壓把雨水灌入牆內縫隙。倘若為木質外牆，除在牆板內側附加防水膜，最好還能在外側加上防水板或塗佈避水劑。

木屋各區的防水措施

位置	防水要點
屋頂	1 材質防水、鋪面無縫：屋瓦、防水層、雨水集中槽與出挑的屋簷能避免牆體被淋濕。 2 屋簷出挑，並設有滴水線。
外牆	1 材質防水：防水板材或富含油脂的硬木。木質牆板的外側加設防水板。 2 鋪面無縫：牆板之間確實填縫。
地基	1 基礎鋪設防水布，木料應使用防腐材質。 2 地基抬高45公分以上，避免木結構遭雨水淹浸或被溼氣侵蝕。
衛浴與廚房	1 出水管與排水管不滲漏：銜接緊密、材質無破損、管線耐震。 2 排水管不堵塞回流：加裝排水馬達。 3 牆壁與地板塗佈PO防水層。

Questions 125

木構造的房子在防火上有沒有特殊規範？

選用具有一定防火時效的建材、鄰棟距離留出防火巷等等，並在設計時就加入消防概念，規劃適當的逃生通道。

《建築技術規則設計施工編》「第四節 防火規劃」規定，非防火構造之建築物，其主要構造為木造等可燃材料建造者，應按其總樓地板面積每500平方公尺，以具有一小時以上防火時效之牆壁予以區劃分隔。

此外，建築與建築之間應依法留出防火巷的距離，避免延燒。走廊、出入口等通道也應利於逃生。

整體而言，木造住宅的防火，關鍵在於一開始的規劃就必須納入消防概念。尤其是各項材料的耐燃性與防火能力，攸關防火時效的推算、防火區與逃生通道的規劃，以及整座建物的防火能力。還有，各區設置煙霧警報器能警示火災的發生，甚至連結自動滅火設備。若能在管道間加設防火擋板，還可避免火燄與煙霧蔓延。

Questions 126

木屋在結構和事前施工準備上如何防止白蟻入侵？

斷絕蟻路、基地架高、房屋周遭避免堆放雜物，就能有效防止白蟻入侵。

白蟻一向是木屋最苦惱的問題，台灣最常見的有家白蟻（大水蟻）與日本白蟻。通常，家白蟻具有運水能力，能棲息在氣溫0℃以上的地方。為了避免木屋蛀蝕，以下為防範白蟻的基本措施：

1斷絕蟻路：在進行基礎工程時，基地需先經過整地，土方重新翻過後施灑防白蟻的藥，先斷絕白蟻入侵的路線。

2基地防潮：在水泥底板下放置碎石頭，阻絕混凝土吸水，同時基地需抬高30公分以上，不僅避免濕氣，更能防止白蟻從土壤直接侵犯木屋。

3房子週邊排除雜物：房屋周圍方圓1.2公尺以上不要放置雜物和讓野草蔓延，以免形成白蟻聚集的溫床；同時在此範圍內不要設置自動灑水系統，有鑑於家白蟻的運水能力，需避免潮濕導致蟻路開通。

Questions 127

不同種類的建築在完工後都需要保養，其養護重點各為何？

不同種類的建築物完工之後，還需要一些養護動作才能達到完美，甚至延長使用壽命。以下針對幾種台灣常見的建物類型，提出其養護重點。

1清水模：外表毫無修飾的清水模建築，表面其實批覆一層肉眼看不見的保護層。這個保護層通常是無色的撥水劑所構成，能深入混凝土塊體約3公分；由於它能填補毛細孔，而有效達到防水、防塵的目的，並進一步避免建物因吸附濕氣而聚生苔蘚。有的室內空間則會進行粉光，讓牆面與地板更顯光滑、細緻。這也可以達到防水、防塵的目的。此外，使用者別亂釘釘子，以免傷及牆體。

2RC：鋼筋混凝土結構在澆灌階段，可加入液膜保養劑。在等待混凝土乾凝之前，還需撒水以增強混凝土塊地的強度。養與維護，以供應及保持混凝土中之水分及適當之溫度，以促進其水化作用。混凝土建築通常最後還會加上油漆、外牆磚，或是洗石子等保護層。這些保護層若年久而脫落或破損，也應及早修補。

3木屋：木頭最怕潮濕，也怕紫外線的傷害。外牆、陽台和露台定期油漆或塗佈木質保護油，可減低紫外線對建物的傷害。另外，五金的鏽蝕會造成木料老化；趁著釘子或木料的表層防護在被紫外線侵蝕殆盡之前，預先塗上新的保護層，就可維持建材常新，從而延長木屋的使用壽命。

各類建築的保養重點

建物類型	保養重點與周期
清水模	每隔3～5年外牆重新塗佈撥水劑（有的耐候型商品可撐住10年）。
RC建築	有髒污或破損即可修補。
木屋	1每3～5年油漆一次。 2五金防鏽蝕。

Questions 128

我好喜歡美式新古典建築，在造型上需要注意到哪些元素？

講究對稱的造型、門廊挑高、外牆以羅馬柱裝飾等等。

新古典和古典建築一樣都師法古希臘、羅馬時期的建築；只不過，新古典風格不像古典風裝飾那般繁複，造型力求簡約。美國當時是新興的共和國，為展現自由與民主，無論民間或官方都廣泛運用這種復歸人文精神的設計樣式。因此，新古典建築在美國相當興盛，從18世紀中葉一直盛行至1950年才告沉寂。以美式新古典住宅來說，建築造型可歸納如下幾點。

美式新古典建築特徵

位置	特徵
外型	1 造型皆講究對稱，整體建物的平面亦為矩形。 2 建物高大、寬敞。住宅的標準樓高為兩或三層；一樓入口處挑高。 3 建築底部會用石塊堆疊，或是做出仿石砌的線條。
屋頂	1 廡殿式屋頂。有時還會設置老虎窗。
外牆	1 外牆裝飾列柱。柱體汲取古希臘、羅馬柱式的精髓；表面刻有凹槽的圓柱或方柱。 2 格子玻璃窗外側常會裝飾木質百葉窗。 3 牆緣有飛簷。
柱廊	1 在一樓配置迴廊。 2 迴廊外側必有羅馬柱或經過簡化的圓柱，最常見的柱形為多利安羅馬柱。
大門	1 正門開在立面中央，入口通常有門廊，且門廊必為挑高尺度。 2 大門上方幾乎都有仿希臘神殿的山牆裝飾。
裝飾	1 除了傳統的希臘羅馬建築圖騰，也會裝飾象徵美國精神的老鷹圖像。

Questions 129

我們全家都很喜歡英國鄉村風。若想將農舍蓋成都鐸式建築，外觀上應注意哪些重點？

全屋以木板和原木柱組成、斜度明顯的屋頂，以磚石疊砌和灰泥塗成的外牆。

都鐸建築（Tudor style architecture）為英國中世紀最普遍的木構建築，流行於都鐸王朝（1485 - 1603）亨利七世至愛德華六世在位的期間而得名。此類建築的造型兼具英國哥德建築（Gothic Perpendicular）的垂直線條，並納入帕拉迪奧式建築（Palladian architecture）的古典風語彙。

都鐸風多為半木構建築，特點就是外牆裸露那些支撐全屋的半木（刨修過的木柱）。建築底部通常以磚石疊砌成牆面，外牆則多半會塗抹灰泥。全屋的木框架由木板與原木柱組成樑柱、天花與樓板。

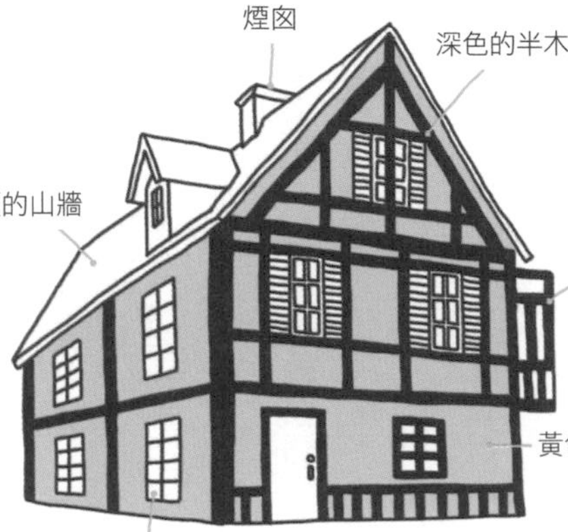

都鐸風建築的特徵

位置	特徵
屋頂	1 陡峭的雙面斜頂，利於積雪滑落，同時也構成人字型屋頂。 2 斜面屋頂多會裝設老虎窗以加強採光與通風。 3 建築底部用石塊堆疊，或做出仿石砌的線條。
煙囪	1 常配置一整排裝飾用的煙囪。
外牆	1 一樓外牆平面略內縮、二、三樓則稍微外凸。 2 牆體採用磚石及抹灰泥等材料組合而成 3 17世紀以後的建物，多展現橙黃、嫩白、紅赭等牆色。 4 裸露裝飾性的半木結構（刨平的木頭）。
窗戶	1 喜用高窄長窗和凸窗和方格玻璃窗。 2 一樓大門寬度小，通常是單扇的寬度。
造型語彙	1 窄門窗與外露的半木架構，展現修長的哥德風。

Questions 130

打造南歐風別墅，在選材與造形上有那些特徵？

外牆以大地色系為主，有連續的拱門迴廊，加上造型優雅的鍛鐵欄杆等等。

南歐風，也稱為地中海建築風格，意指從伊比利半島到希臘半島，包含西班牙、葡萄牙、法國南部的普羅旺斯、義大利與希臘。這些地方因為鄰近地中海，地形多丘陵，森林資源少卻盛產紅陶土。房宅格局多依山興建，且不講究對稱；屋頂鋪素燒紅瓦以隔熱，外牆依照地區風土而抹上不同大地色系的灰泥。再加上繼承羅馬帝國的建築語彙：拱窗、拱門與迴廊，以及各種曲線的鍛鐵欄杆，展現自然又浪漫的休閒風格。南法普羅旺斯民宅的室內還會露出原木的樑柱結構。

南歐風建築特徵

位置	特徵
屋頂	1 除了少雨的希臘島嶼，多為斜屋頂。 2 鋪設的素燒陶瓦以紅黃色系為主，顏色從淺白於深黑，皆為溫暖的大地色。 3 瓦面呈S型，以產量最豐富的西班牙瓦為代表。
屋型	1 常為不對稱的設計。 2 室內高敞，斜屋頂構成的挑高空間可做樓中樓。
外牆	1 日曬較盛，故石砌的外牆較厚，著重隔熱、防曬。 2 外牆多以灰泥修飾。多為白色石灰牆搭配赭紅屋瓦。但普羅旺斯住宅則常抹上粉紅、淺黃、橙色或珊瑚紅等色。
圓拱造型	1 圓拱窗、拱門與迴廊。 2 迴廊開闢連續的馬蹄形拱門。
門窗	1 落地窗加強通風。小窗則多半裝飾鍛鐵欄杆或花台。 2 門窗外側加上木質百葉。
鍛鐵欄杆	1 窗台或露台為手工打造的各種雕花造型鍛鐵欄杆。尤其是西班牙建築，鑄鐵花飾常為螺旋造形。 2 常在窗台的欄杆內擺上各色開花植物。
復古磚	1 以素燒的紅陶地磚或古樸的彩釉陶磚為主。 2 室內地磚多為大片磚且採斜拼，偶爾加入小塊磚增添變化。

Questions 131

我想蓋一棟地中海希臘風民宿，建築造型應該具備哪些元素？

具有以石塊疊砌厚重的牆體、表面再抹上灰泥，房宅多為平頂，且在牆角等邊緣處導圓角等特徵。

大家最熟悉的藍白地中海風格，是來自希臘南方愛琴海的小島，由於終年乾燥少雨，再加上夏季高溫炎熱，冬季則有強烈海風。因此當地民宅以石塊疊砌厚重的牆體，表面抹上灰泥和刷白來隔熱。房宅多為平頂，且在牆角等邊緣處導圓角，深凹的門窗可避免陽光直射入室。百葉窗、門與、樑柱與棚架，則刷上鮮豔的海洋藍，呼應湛藍的天空、海洋。屋旁搭設原木桁架，種植九重葛等花色豔麗的植物，再擺上大型的素燒紅陶罐，就更有希臘小島的氣氛了。

地中海希臘建築特徵

位置	特徵
屋型	1 依山坡而築，造型與動線自由。有時，自家陽台成為別戶的樓頂；公用巷道變成私人庭院的階梯。 2 造型以方盒子為主，有時加上階梯狀牆垛。
屋頂	1 因為乾燥少雨，住宅幾乎都為平頂。
外牆	1 牆體厚重，且多刷上純白油漆，反射掉熱能，同時也保護牆壁本體不受日曬侵蝕。 2 常在牆面開鑿拱窗般的裝飾洞龕。
門窗	1 使用拱窗、拱門。開窗不大，且皆為深凹窗，可避免陽光直射。 2 木質的門窗常刷上豔藍色，與白色建築形成對比。
迴廊	1 帶有連續半拱門廊柱造型的迴廊。
天然材質	1 牆面多塗抹厚灰泥。 2 室內天花會露出原木橫樑。 3 地面則鋪設素燒紅陶地磚或石塊。
其他語彙	1 在方盒建築的牆角、窗框，導出的圓角。 2 牆面鑲嵌各式小馬賽克、天然貝殼或彩色玻璃珠做裝飾。

Questions 132 好喜歡北歐風，想做北歐小屋的建築該怎麼做才對呢？

利用陡斜的屋頂、大量開窗的設計和使用原木材質，就能打造出造型簡約的北歐小屋。

北歐風格來自冰島、瑞典、挪威、芬蘭、丹麥，這五個國家的建築原本以哥德風格為主，在20世紀中期受到現代主義洗禮並出現不少設計大師，而形成國際知名的北歐風。北歐建築則兼具傳統的自然、樸質，以及現代主義的簡練。外型約可歸納有幾項共通特點。

1 造型簡約：由於北歐國家的生活條件嚴苛，形塑當地愛惜資源的習慣，再加上深受現代主義的極簡哲學影響。故北歐建築幾乎無多餘裝飾，造型簡練，設計也以實用目的為導向。

2 注重隔熱：由於冬季嚴寒，常有零下30～50℃的情況，而夏季氣溫則接近30℃；因此，屋頂、牆壁、門窗等，特別講究氣密與保暖（隔熱）。善用三層玻璃、複層牆壁等隔熱材來維持室內的舒適環境。

3 大量開窗：由於北歐國家的冬季日照時間非常短。為了能引進大量陽光，常會開設大片落地窗，或是同一面牆開設許多小窗，室內也會設置讓家人一起共享陽光的寬敞角落。

4 陡斜屋頂：基於以陡峭的斜屋頂排除積雪，因此屋頂斜度通常接近45度角，可說是北歐建築的最大特色。

5 大量運用原木等天然材質：北歐許多地區擁有豐富的森林資源，就地取材，使用大量針葉林類的松杉木。有的則會融入磚頭、石塊，甚至是鋼構。

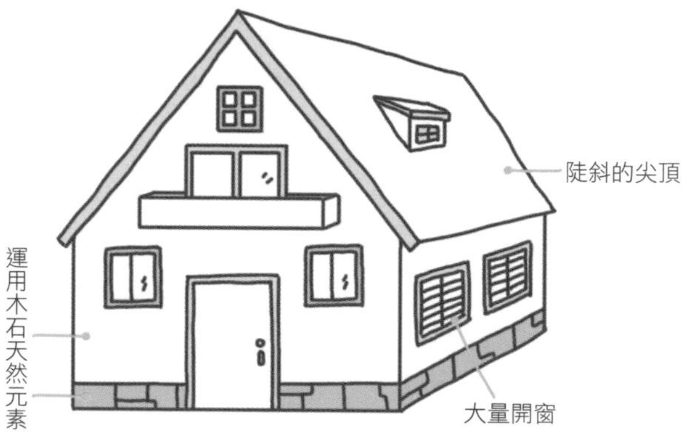

Questions 133 日式住宅好有味道，要怎麼做才對味？

可利用傳統的格子拉門、人字型屋頂、鬼瓦、簷廊等元素來設計。

傳統的日本住家為木構建築。多設計人字型的屋頂，坡度和緩並鋪上黑瓦；屋簷與木地板往外延伸，則形成可供休息乘涼的「簷廊」。室內為彈性空間，在架高的木地板鋪設榻榻米。採光則靠格子拉門（障子），甚至以格子拉門作為隔間。

到了20世紀，日本建築受到現代極簡主義的洗禮，捨棄了繁複裝飾元素。因此，現代日本住宅的外型簡潔，幾乎無裝飾性語彙。再加上深受禪宗影響，以素雅、簡單的居住空間為主，建材多選擇低彩度的原木或金屬。

玄關雨遮延伸至客廳
前方以便設置簷廊
人字形屋頂下方並
設有格狀透氣窗
鬼瓦
外牆塗抹
米黃色塗料
檜木打造的大門
帶有格柵狀語彙
建築平面逐次退縮
（書院建築的雁行排列）

傳統日本建築 vs 現代日本住宅

位置	傳統日本民居	現代日本住宅
造型	簡潔	簡潔
	平面不對稱，書院式建築常為逐次後退的「雁行」排列。	平面可為各種形狀。都會區住宅的格局通常面寬較窄、縱身偏長。
	常以木格柵、雨淋板與格子拉門，構成水平、垂直交錯的線條。	建築主體以垂直、水平線條來構成。
屋頂	斜屋頂	斜屋頂
	鋪設黑色的日本瓦。屋脊裝飾鬼瓦。	未必為傳統的日本瓦，但仍選用黑灰色的瓦材。
外牆	木質雨淋板構成水平線條。	性能佳的新建材，表面可能做出水平線條。
	常在牆面刷上白色灰泥。	以純白或米白色系為主。
簷廊	客廳朝庭院處設有簷廊，以便賞景、乘涼。	客廳朝庭院處開設大片玻璃窗，以便賞景、乘涼。

Questions 134

何謂複層住宅？這跟一般住宅有何差別？

所謂的「複層」，是指樓房內部的樓地板彼此交錯之情況。

複層式住宅又稱為複層式構造，由於高度不一，樓板彼此交錯，帶來立面高度的變化，故能豐富室內空間的層次，產生開闊的錯覺。但要注意的是，官方在審照時則因為複層的樓地板面積計算較複雜，建管單位通常不歡迎這樣的設計。法律明定，複層式建築的高度不可超過4.2公尺，且室內平均高度也不可高過3.6公尺。

一般人容易將「複層」與「夾層」、「挑空」搞混。簡言之，夾層是二次施工的產物，依法規定不可超過原面積的1/3。挑空則是建築在某一層局部地提高立面高度，使該空間具有兩層樓以上的立面。而複層的建築雖也可能形成挑空，但該挑空區域的前後或左右必有不同高度的樓地板。

部份樓層為挑高兩層的高度。

Questions 135

想做獨棟、雙拼與連棟的別墅，這三種有什麼不同？

獨棟別墅為獨門獨院住宅；連棟別墅為左右側跟鄰居相連；雙拼別墅是在一棟建物裡面有兩戶，有的共享大門或各有獨立出入口。

台語俗稱的「透天厝」，是指所有權單一、六樓（含六樓）以下且不設電梯的建築；因為「有天」（屋頂）、「有地」（地坪不分割），故名「透天」。在台灣的房地產界，「透天」與「別墅」幾為同義。以下簡介獨棟別墅、連棟別墅、雙拼別墅三種建物的特徵。

1 獨棟別墅：獨門獨院住宅，通常樓高為兩到五層。前後或左右擁有院子，可闢為花園、車庫或泳池。由於週遭有庭院與道路相隔，擁有極佳的私密性，採光通風亦佳，但價格是這三種最高的。

2 連棟別墅：此類住宅也跟獨棟別墅一樣，前後有院子或車庫，主要差異在於：連棟的左右側跟鄰居相連，但上下樓層仍為自家的。若在老舊市區將整排街屋改建的連棟透天，往往會面寬很窄、縱深很長。

3 雙拼別墅：是在一棟建物裡面有兩戶，有的共享大門，有的則是各有獨立出入口，較常見的是左右雙拼。不過，也有上下樓層的雙拼，上下樓層為不同住戶；但每戶都擁有兩到三個樓層，內部可做樓中樓或挑高的空間設計。若想自地自建，但基地很小，而鄰居也想自建時，不妨將兩塊基地合併，採用上下雙拼的方式。雙方都能享有更充裕的面寬，室內格局也會較方正。

連棟別墅

三戶以上的透天厝連成一排。

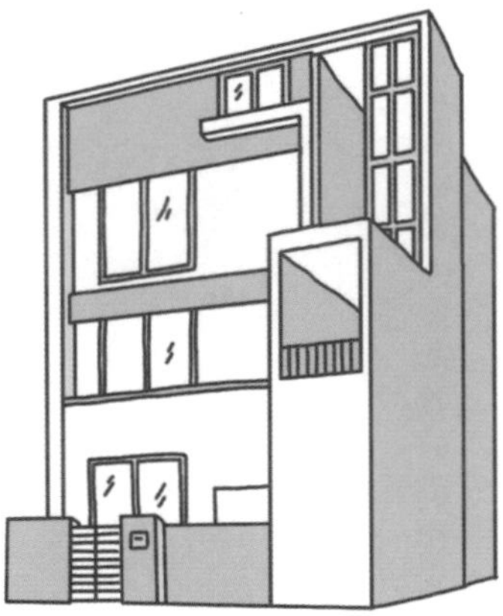

獨棟別墅

獨棟建築，前後左右不與其他戶相接。

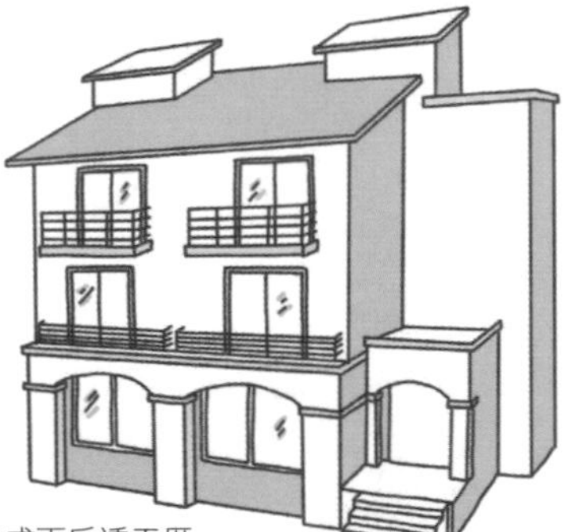

雙拼別墅

一棟建物分成兩戶透天厝。

Questions 136

陽台與露台的機能與其外觀上的差別？

露台（Balcony）為上方沒有遮擋的露天平台；陽台（Veranda）則是上方有遮擋，但側面沒有遮擋，可透光通風的半戶外空間。

露台可能是因為建物內縮，而在某層樓形成一塊露天的平台；平頂的屋頂上無加蓋物的話，也可稱為露台。基本上，露台不納入建物的容積，而陽台在法令上被視為附屬建物，得則視狀況來決定是否要納入面積。以往的法令規定，每一層樓的陽台面積不超過該層室內樓地板面積的10％，就不必納入樓地板總面積。但自從實施容積管制之後。陽台只要深度不超過兩公尺，或面積小於8平方公尺，或不超過該樓層樓地板面積的1/8（意即12.5％），可不必納入容積。

露台的面積若夠大，還可以充當晒衣場、烤肉場，甚至改造成空中花園。在多雨炎熱的台灣，陽台可成為避免雨水潑濺和減少陽光直射室內的緩衝地帶。陽台若要晾曬床單大型衣物，面寬也要夠。比如，標準雙人床尺寸為150×180公分，若要晾晒這張床的床單，陽台面寬至少要1.5公尺以上。

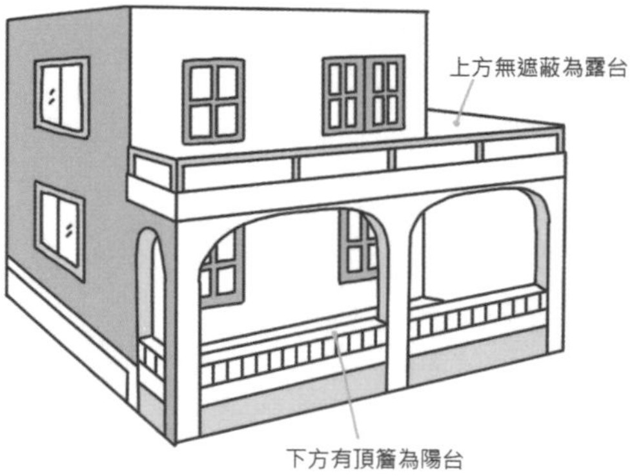

Questions 137

斜屋頂還是平頂比較好？

屋頂形狀依氣候、設計喜好而定，沒有絕對的好壞。

1平頂：少雨地帶如地中海週遭、墨西哥、西藏等地區，傳統上多半為泥土或石塊堆砌的平頂屋；有的屋頂設有女兒牆，變成可供晒衣或休閒的露台。20世紀興起追求水平與垂直的現代主義建築，鋼筋混凝土的工法，樑柱結構方正，原本的樓板蓋至頂樓很自然就構成平頂。「水泥盒子」的平頂不需另築山牆，因此能在室內打造出有效的使用空間。

為了排水和防水，平頂需鋪設防水層，同時做出洩水坡。從洩水坡落下的雨水，會透過屋頂邊緣的溝槽或落水孔，透過專屬的排水管流到一樓的溝渠。

2斜屋頂：斜頂還可細分為單斜、雙斜（人字型），或變化為四坡（穀倉式）等造型，斜屋頂最主要的作用就是排水或避免積雪。

①單斜屋頂：在側牆較高處可開窗，以利於通風採光。屋頂下的室內空間也因為立面較高，而在運用上能有較靈活的表現。比如，利用立面較高的區域隔出閣樓。閣樓可以不計入建物容積裡；但若閣樓面積超過樓地板總面積1/3時，法令規定就會被視為一個樓層，必須計入容積。

②雙斜屋頂：是最常見到的形式。寒帶國家的房子為了防止積雪壓壞屋頂，屋頂斜度通常介於更陡峭的1/3至1/1（也就是45度角）。

所謂的穀倉式屋頂也就是四坡排水的屋頂，為雙斜屋頂的變化型。雙斜屋頂的住宅，由於屋脊處較高，可在山牆高處設置通風、採光的窗戶。若屋頂較斜且立面較高，還可利用高起的屋脊打造小閣樓。

雙斜屋頂

單斜屋頂

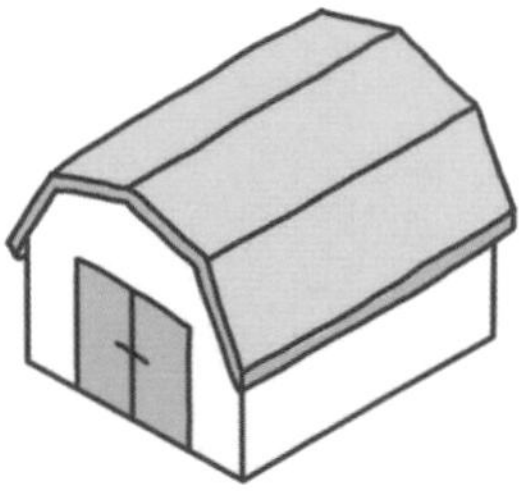
穀倉式屋頂

平頂

Questions 138

凹窗、平窗、凸窗是什麼？適合哪種風格？

若按照窗框在牆面的內外位置，我們將窗戶分成凹窗、平窗與凸窗。

1凹窗：或有人稱為內縮窗，窗框退縮於牆體內側。如果外牆夠厚或立面作凹凸狀，而窗戶內凹較深，就稱為深凹窗或深窗。深窗能避免雨水潑濺到窗戶的機率，故可減少滲水現象，進而降低出現壁癌。雨勢較小時也能放心地敞開窗戶。

此外，在日曬旺盛的地區，使用凹窗也能避免陽光直射室內降低熱能，同時能接受漫射的陽光，故不會導致室內陰暗。尤其是西曬面的大型窗戶，若能採取深凹窗再搭配Low-E玻璃等隔熱建材，在夏季能有效降低室溫、減少空調的電費。但缺點是，由於窗框整個往內後退，也會略為減少室內的可用面積。

而深凹窗構成的陰影，能增添建物立面表情。比如，深凹長窗特別能形塑出新古典建築的立面之美。講究水平與垂直線條的現代主義建築，也可善用深凹窗的光影來強調直或橫的線性造型。

2平窗：窗框外側與外牆立面拉齊、或接近拉齊程度的窗戶。這是台灣最常見的窗戶設計。好處是設計簡單、施工容易。但若窗戶上方沒有規劃雨庇或有屋簷出挑，在多雨的氣候之下，很有可能會有滲

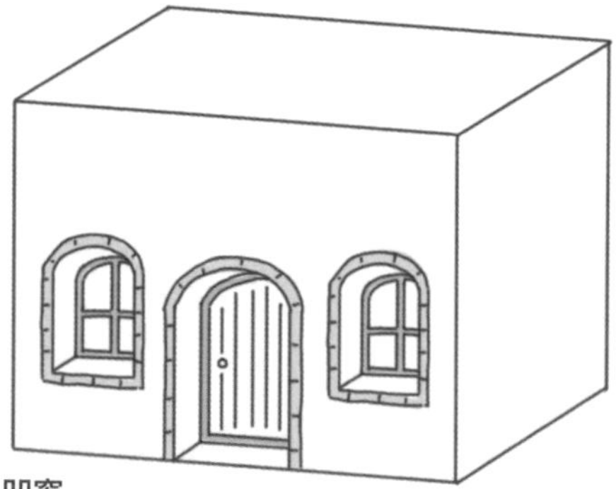

凹窗

窗戶往牆內凹，擁有較深的窗台。

平窗

窗框幾乎與外牆立面等齊。

水之虞。

此外，窗戶由於跟外牆同一平面，接受的日曬量也一樣大，最好能選用隔熱材質並內設窗簾遮陰。若能使用氣密窗，比較能避免上述缺點。

3凸窗：或稱為凸肚窗；台灣常說的八角窗就是凸窗的一種。凸窗的形式很多，有的是整個窗戶凸懸於牆外，有的則是大到可以規劃一道多功能臥榻。凸窗最大的優點在於三面玻璃窗，能增加進光量，並增加室內賞景的角度。凸窗原本就是歐美傳統住宅常見的語彙。因此，無論是鄉村風，或是造型繁複的古典風、新古典風，凸窗都能讓空間更靈活獨特。

凸窗

窗框懸凸於牆體之外。

台灣住宅在窗戶或陽台女兒牆加裝的外凸窗，僅以幾根不鏽鋼支架撐住整個窗體，或甚至加設吊掛在牆外的儲物箱，雖可創造可用的使用空間，但從法律角度來看，這其實算是違建。

Questions 139

自地自建，車庫的位置可以如何配置呢？

為了進出便利，車庫通常位於屋子前方或側邊。

設有地下室的房子，若建物並沒有抬高的話，就得設置車道。車道要注意高度能容納車子順利通過。在台灣，自有車庫通常位於抬高地基的一樓，而客廳則位於二樓，以階梯串連大門與馬路；車庫與大門各自構成出入動線。開車的出入動線與一般的出入動線，也會因此形成雙玄關。

如果建物結構體並無規劃車庫，那也可將車子停在前院，甚或馬路邊。院子鋪設碎石或植草磚等鋪面，就能直接停放車子。也可加設遮陽棚，避免愛車風吹雨淋。

Questions 140

天窗、老虎窗的作用？

兩種窗型主要的作用在於引進陽光，增加室內光線，利於通風等。而源自歐美建築的尖型老虎窗則是還有避開積雪的功能。

1 天窗（Skylight）：可設在平頂或斜屋頂。主要作用在於將陽光引入室內。有些天窗還可往上掀開，甚至透過電動遙控；屋頂的開口可促進室內的換氣、通風。為了避免漏水的疑慮，天窗需選用能承受風壓與隔熱的玻璃。窗台應略高於屋頂坡面，窗台與屋頂的銜接處也要做好防水，下雨時才不會透過天窗滲入室內。

2 老虎窗（Dormer）：是設在斜屋頂上的一種側窗。老虎窗，是源於上海的洋涇濱英語。由於屋頂的英文為「Roof」，發音很接近「老虎」，故被稱為老虎窗。老虎窗是歐美建築常見的語彙。19世紀中葉，不少英國人前往上海定居並興蓋英式建築。由於英國冬季寒冷多雪且日照時間短，會在陡峭的斜屋頂開設許多類似小閣樓的凸窗；在避開落雪的同時，又能透過側向開窗來增加採光和通風。最常見的形式是尖頂如小閣樓般的凸窗（Gabled Dormer），歐美的老建築也可見到將屋頂坡度略略撐開的波形老虎窗（Eyebrow Dormer 或稱 Eye Dormer）。另外還有一種窗面往內縮、留出一方小平台的老虎窗 Deck Dormer。

Questions 141

雨庇、遮陽篷與滴水線的作用？

雨庇、遮陽篷與滴水線都能避免雨水直接潑灑，並具有排水的功能。

1 雨庇（Canopy）：又稱為雨遮，是指位於門窗或陽台上方用以避免雨水直接沖打窗戶的凸出物。台灣的老建築（尤其是日治時期的洋房）常可見到。形狀多以一片板狀，有的略帶弧形或略為包覆窗戶上半部的ㄇ字型。由於雨庇跟陽台一樣都可列入附屬建物，有些建商會刻意多蓋雨批來增加虛坪。建管法規定，設於出入口處雨庇深度不得超過1.5公尺，其他位置的雨庇，深度則不可超過0.5公尺，否則就屬於違建。廣義來說，一般住家在外牆加裝的採光罩，也可稱為雨庇。

2 遮陽棚（Canopy）：專指鋼骨加防水布搭建的造型棚架。造型變化多端，有的可以伸縮調整棚面的角度，甚至加裝電動馬達與遙控。遮陽棚主要用以大幅減少日光進入室內，它也能遮擋雨水，但擋雨機能不如雨庇。

3 滴水線：或稱為水切，是台灣老建築常會出現的細部設計。滴水線利用水往下流的原理，在雨庇或屋簷的邊緣下方設置一道溝槽；當雨水在溝槽累積夠多時，會因重力而滴落。若沒有滴水線，雨水可能順著屋簷或雨庇往內浸潤窗框，日久導致漏水。

雨庇

雨庇為窗邊延伸的遮雨板（遮陽板）。

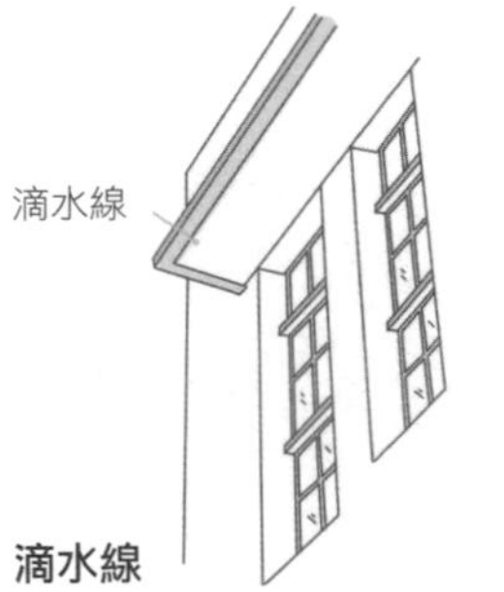

滴水線

滴水線可做在雨庇邊緣或窗戶開口上緣。

遮陽棚

帆布加上骨架的遮陽棚有多種造型，有固定式。也有活動式。

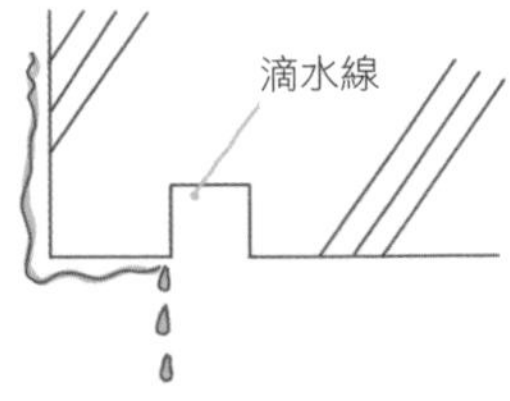

滴水線剖面

Step 7

好的建築規劃，讓你舒服得想天天黏在家裡。

Point1 建築設計 vs 通風採光

Point2 格局規劃

Point3 景觀設計

+Plus 格局需求Check List

客廳再大一點、
再多留一間書房……
Living
kid's

Questions 142

在規劃建築圖面前，會測量土地和觀察周遭環境，通常會有哪些項目？

通常會測量基地和鄰地、道路的高低差，檢查是否有水電、瓦斯等管路，觀察鄰近建築的方位座向，或是周遭景觀的配置等等，以作為在設計時的考量。

建築師在繪製建築圖面前，需要勘查地勢、瞭解正確的方位、周遭建物和景觀的配置，作為設計圖面的參考。大多會有以下的測量項目：

1日照和風向狀況：採光、風向會因土地方位而有所不同，因此事前應先確認，便於設計。

2拍攝基地：記錄基地周遭狀況，便於事後查閱。

3地質調查：地質鑽探能瞭解地層的的性質，在選用地基的形式和開挖時，地質資料能幫助判斷。

4測量基地尺寸：確認基地的面積、形狀、寬度和深度。

5確認地上物狀況：若土地上原本就有建物，要評估拆除施工。

6確認瓦斯管線：瓦斯線的位置要事前確認，否則會影響配管作業。

7確認管路：確認是否有水管管線，保障水的來源，同時需注意管路是否會經過鄰居土地。

8測量鄰地和基地的高低差：瞭解鄰地高度，在設計開窗和視覺動線上會有所幫助。

9路樹的生長狀況：路樹位置和大小可能會遮蔽視線或影響車子出入的動線。

10測量基地和道路的高低差：建地的高低差除了會影響人、車的出入，也關係到給排水的流向設置，應確實調查清楚。

11電力確認：電線桿及電線位置會影響人或車的出入口設置。另外，若沒有附近沒有電線桿，要確認是否有無電力輸送，若無，可能要申請架設電線桿或接電。

12確認和鄰地的狀況：測量鄰棟建物和自身土地的距離，除了有採光、通風、視線的問題外，也有消防法規的規定，如必須要預留防火間隔等的限制。

13檢測樹木狀況：若想保留原始林木景觀，藉由了樹木位置及高度，來設計建物座向和景觀花園，所以事前應做詳細調查。

至於土地測量可能會需要支付費用，包括地界、地上物，以及高程（坡度）測量，依照測量人員多寡、使用機具、測量的時程、以及難易度不同而有差異，各地區收費標準不一，建議直接洽詢各測量公司。

Questions 143

道路與土地座向是否會影響人車出入的動線，能否舉出常見的案例？

道路會影響人車的出入動線，通常會考量車子進入和出去的兩種動線。

車子進入的動線著重在車庫與建物之間的服務性動線。例如，車子進入車庫時，人的行走動線是否能直接進入室內，或是需要另一個次入口。然而車子出去的動線，則是要考量開至馬路是否安全，以及建物不能影響到開車的視線等等。

因此若土地是位於十字路口的角地，出入都需要注意兩側道路的來車，因此車庫得避開在兩條街道的十字匯集處。

而基地的大小也會影響動線，若基地相對夠大，可做人車分開的出入口。但像是都市內的基地以狹長形居多，若面寬太窄，則不適合人車分開。另外，以台灣多雨的情況，通常會希望進入車庫後可直接進入住家。因此人和車子的出入動線可依照需求來配置。

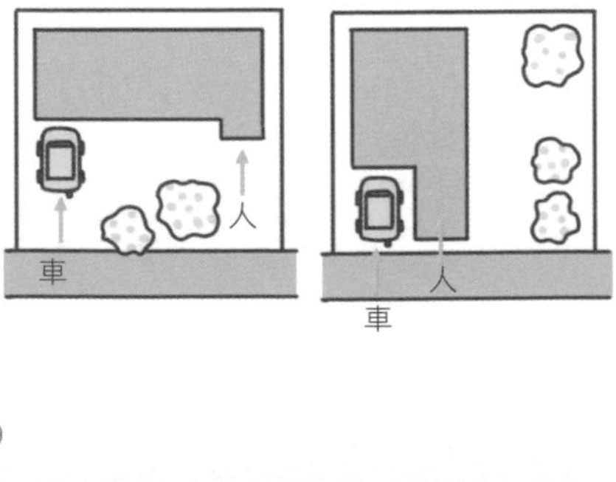

Questions 144

台灣多雨多颱風，常常會從窗戶滲水進來，怎麼設計窗戶才能有擋風雨的效果？

可做雨庇，或是將窗戶內凹，避免正面淋雨。另外，也為了減少雨水滲入，窗台也須做洩水坡。

為了避免雨水的潑灑，經常會將窗戶內凹，或是上方加雨庇。除了防水，排水也很重要，因此窗台還會施作洩水坡，不僅可減少灰塵的累積，更可避免積水的情況。

一旦有颱風或西北雨之類的傾盆大雨，即使窗戶上緣有出挑的屋簷或雨庇，雨水還是會潑灑到窗戶。倘若窗台沒有抓出外斜的坡度，這些雨水很可能會累積在窗邊。有的窗台甚至有些內凹而讓雨水變成窗邊的長年積水。這樣的積水不但會腐蝕木質窗框，或侵蝕牆體，還會混合都市的灰塵而成為污水。等到再次降雨時，累積在窗緣邊的污水溢出，往下污染外牆。有時候，建築外牆有仿如淚痕的髒污，就是這樣形成的。

所以，窗台做洩水坡，既可避免雨水滲入室內，還可避免窗台累積灰塵，並防止外牆掛淚痕。

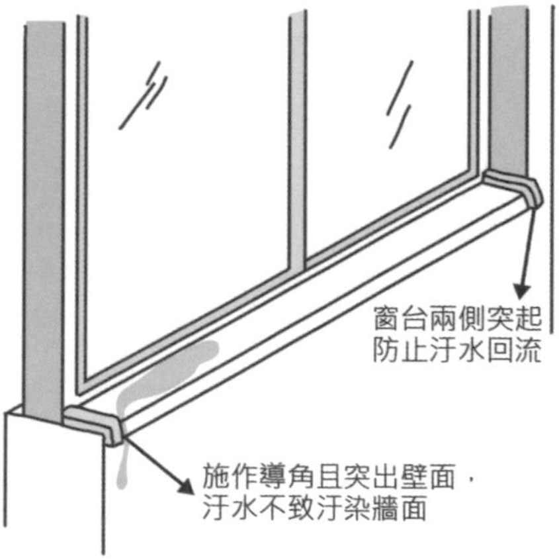
窗台兩側突起
防止汙水回流
施作導角且突出壁面，
汙水不致汙染牆面

窗台洩水坡在大雨時發揮的作用

雨水直接流下，不會累積在窗框外側，也不會因此滲入室內。

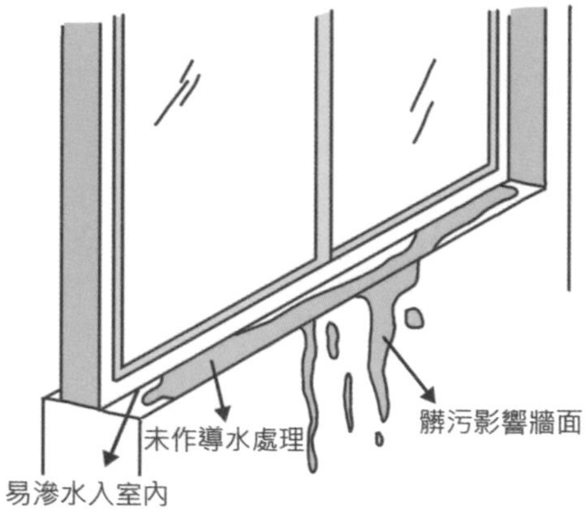
未作導水處理
髒污影響牆面
易滲水入室內

窗台沒有洩水波的壞處

大雨過後易有積水，孳生蚊蟲並形成骯髒死水；積水容易滲入室內或腐蝕木質窗框；再次下雨時，骯髒的積水滿溢出來，污染外牆。

Questions 145

可以從哪些條件來選擇房屋的座向？和日照、風向的關係為何？

房屋座落的方向可依照景觀視線、風向、日照，甚至風水等條件綜合選擇。

由於為了方便出入，通常會考慮街道和土地的相對位置，來決定房屋座向。像是位於都市區的土地皆臨街道，且土地狹小無法改變座向，因此出入道路的方向成為唯一的考慮因素。同樣的，農地也會考慮街道的因素，但由於農地的腹地較大，還可以開闢小徑，較不受限制，因此主要會考量風向、日照、景致來決定。

不同地區會有不同風向的問題，像是新竹、苗栗地區東北風強盛，房屋多座北朝南以擋北風。而宜蘭的傳統建築為了避夏日的颱風，座向多為朝西，但近期在烏石港的新興建築，為了享受面海的景致，座向改為朝東。此時，景觀的考量則大於風向。因此，在規劃建築時，通常會綜合多方條件，選擇最有利且適合的座向。

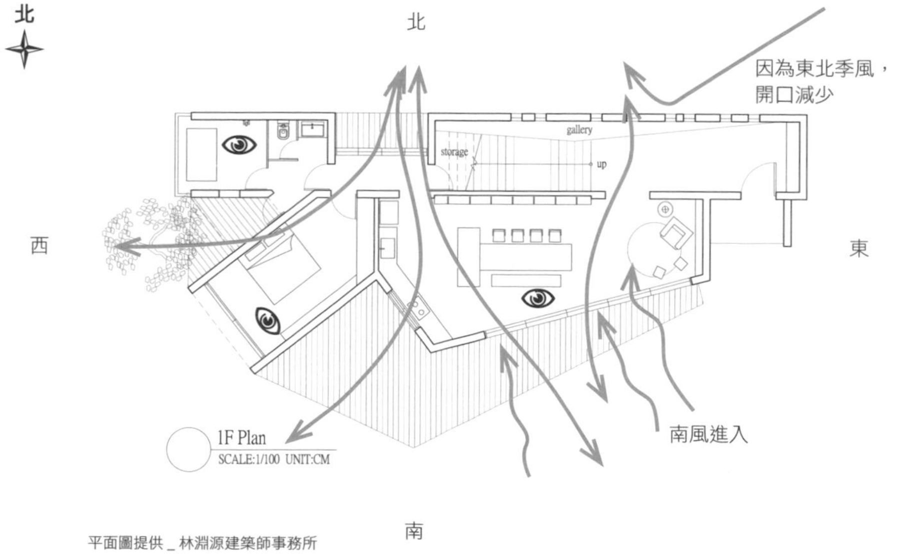

平面圖提供＿林淵源建築師事務所

這是一個典型的座北朝南建築，為了抵擋東北季風，在北側減少開口，降低風量，而在南側大量開窗引進南風，同時也能欣賞戶外景致。

Questions 146

出簷的深度和日照進光量是否會有相關？

有關係。出簷的深度越深，日照進光量就越少。反之亦然。

想多擋一點陽光，出簷就要深；若想多照一點太陽，出簷就淺。若不想讓太陽完全照進室內，可以取得一年中太陽最斜的角度，去計算屋簷該蓋多少深度。但要注意的是屋簷超出的深度得視結構和法令規範。出簷太深結構需要支撐，費用也會隨之增加。而出簷的面積到達一定程度，也會被計算進容積率。因此端看業主是否有需求做出簷。

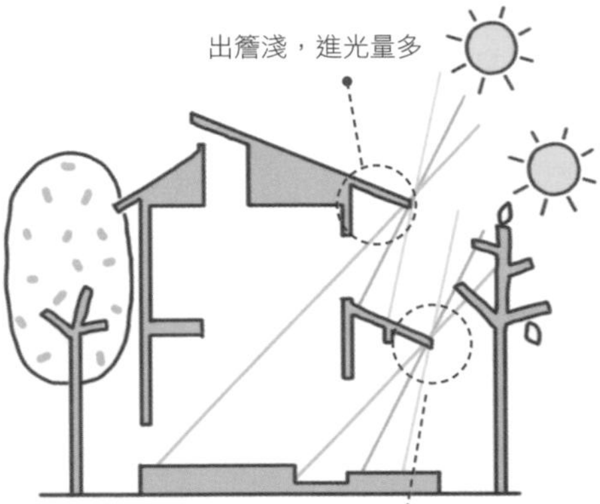
出簷深，進光量少

Questions 147

開窗的大小、數量和位置，會影響室內通風、採光的問題，一般該如何設計比較好呢？

以高低窗加強對流。若想有延伸感，設計落地窗最好。另外，再依照需求選擇適當的窗戶形式。

1 開窗位置影響對流：基於熱空氣上升，冷空氣下降的原理，在高處和低處開窗，能加強對流的效果。通常不一定要設置高窗，只要氣流有出有入，也可利用各房間的門和窗產生對流。

2 開窗的面積大小、窗台高度影響光線品質和氛圍營造：像是落地窗有從室內延伸到戶外的視覺效果，開窗面積又大，能引入大量光線。若將窗戶拉高或降低，可讓光線漫射進來，又能阻隔室外視線。

3 選擇適當的窗戶形式：有全開、半開、推射窗等形式，依照使用用途選擇。像是高窗使用推射窗，開啟時除了有通風的效果，某種程度可擋小雨。另外，窗戶的樣式也要和立面造型整合。

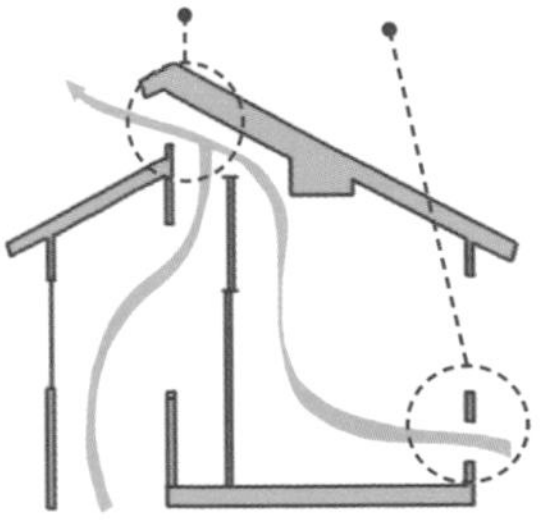
開設高窗和低窗，使空間產生對流。

Questions 148 土地有兩面臨路，擔心會有隱私問題，要如何設計才能解決呢？

可以利用高窗或低窗，來隱蔽路人的視線。

為避免隱私的問題，可利用窗戶的位置來調節視線的角度。可以高窗或低窗去設計。這兩種窗型可讓外部的人僅看到室內局部的動作，可避免鄰居視線的尷尬。若是位於一樓，使用圍牆阻擋視線，也是不錯的方法。另外，更簡便的方式則是可使用調光窗簾，可讓光線進入卻不至於會讓人看到內部的情形。

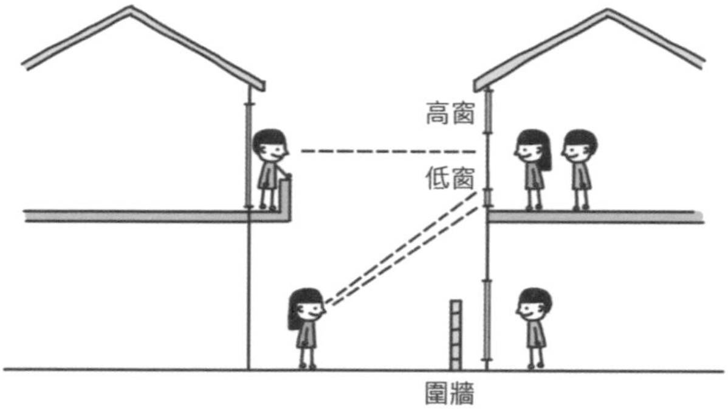

Questions 149 我家在海邊附近，想要避開海風造成的影響，房子要怎麼設計才比較好呢？

材質上需選擇防鏽的。房屋座向避開正面受風的設計，可稍微偏斜接受側面的風向，可降低不適感。

由於海風含有鹽分，裸露在房屋外部的金屬材質，最好選擇鋁製的。鐵製金屬容易生鏽，因此像是鐵捲門、金屬屋瓦、室內的衛浴五金，都需採用防鏽等級高一點的材質或是改用鋁製品，較不容易耗損。另外，混凝土的保護層要夠厚，以保護內部的鋼筋不致生鏽。

以設計手法來說，巧妙轉換房屋的座向，就能有效降低海風對人的影響。舉例來說，房屋座向可選擇避開正面受風的設計，稍微偏斜以接受側面風向，不致正面迎風造成不適感，而側風又能讓室內產生對流。另外，房屋不要太高、屋簷降低一點，都能減少受風的面積。

Questions 150

台灣夏季溫度越來越高，又不想加裝空調，除了可以用格局的配置之外，如何利用建材或設計手法處理呢？

最好的方法是利用通風對流帶走熱能，在材質上可使用環保的隔熱材。另外，屋頂處以隔熱的工法也能有效降低熱能的進入。

為了能有效驅散熱能，建議可加強通風對流的設計，讓室內有效降溫。而長時間日曬也容易使整個建築體升高，因此可透過遮陰和設計手法，降低熱能的進入。像是可在西曬處種樹，利用大樹遮去大部分的陽光。而屋頂出簷、深凹窗的設置再配上窗簾，都能避免陽光大量進入。

另外，斜屋頂的設計比較能夠散熱。若是平屋頂的話，可使用一層層的隔熱工法，頂樓樓板內部使用高密度保麗龍、細沙、水石等材質，以降低熱傳導的速度。或是使用複式樓板的設計，樓板與樓板之間留有空氣層，再加上混凝土的導熱慢，熱能就被保留在空氣層中，難以再傳熱至室內。但此工法的建築成本較高，平常較少人使用。

除此之外，也可以從建築外牆著手。選擇以隔熱環保材質（如泡沫玻璃、隔熱棉、PS隔熱板等等）於外牆內部作輕隔間施工，可以有效阻擋外牆因日曬而進入室內的熱量，不僅降低室內溫度，也減輕空調負荷。

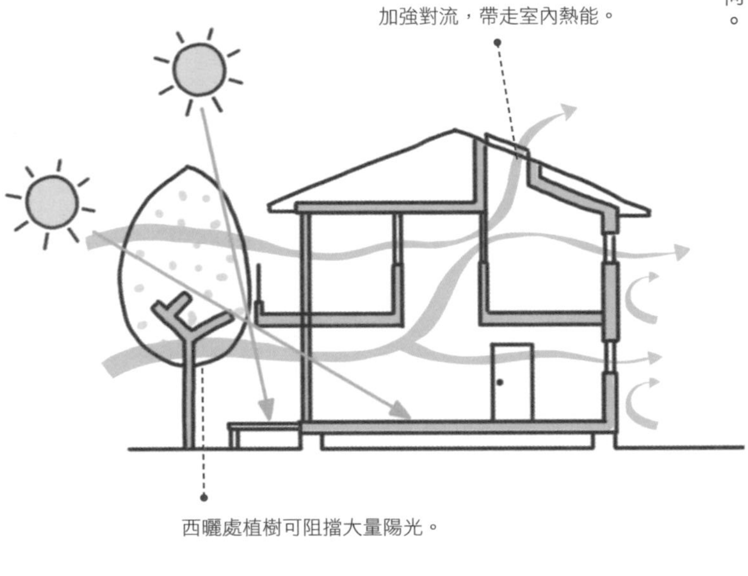
加強對流，帶走室內熱能。
西曬處植樹可阻擋大量陽光。

Questions 151

何為「反樑結構」？何為「正樑結構」？

反樑，橫樑在樓地板的上方，這樣的結構可保留每一層的淨高。正樑，橫樑位於樓地板下方，能確保建物整體的強度。

鋼筋混凝土建築的樓地板，藉由過橫樑的交錯小樑來作為骨架，並於其中交灌混凝土，就成了樓地板。由於橫樑很厚，從頂部到底端至少有50公分的高低差；小樑橫穿而過的位置，可以設於橫樑的頂部，也可以設在底部，這就構成了所謂的正樑或反樑。

橫樑位於樓地板下方的，稱為正樑。樓板與橫樑呈T字結構。由於橫樑承接了樓地板的重量，這種工法能確保建物整體的強度。但缺點是犧牲掉立面高度。

反樑則是橫樑在樓地板的上方。這種工法的最大好處是，它可以保留每一層的淨高。雖說反樑基本上不影響整體結構，若橫樑跨距很大才會有明顯差異；但，反樑是靠橫樑的側向拉力來拉住樓板，多少會稍微削弱橫樑的抗剪能力。因此，反樑結構的橫樑宜加強配筋量或使用更粗的鋼筋。還有，反樑結構的地板會有凹凸，在屋頂會形成排水的困擾；若為室內，則須另鋪地板才能使用空間。也有人認為，目前居家使用的電器種類繁多，每種都有一條以上的線路；凹下的反樑地板本來就要另鋪高架地板，反而利於管線的配置。

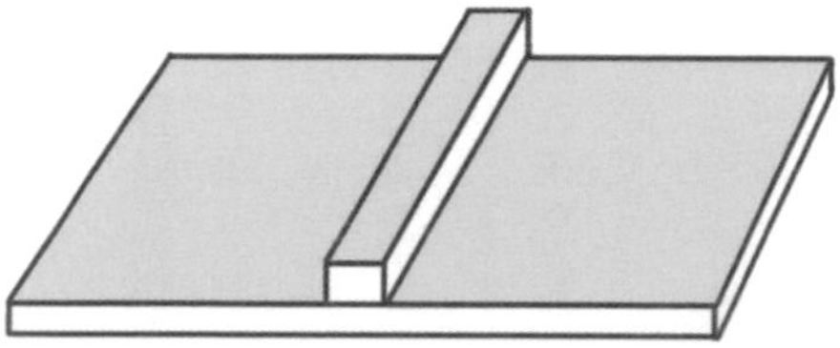

反樑

樓地板位於橫樑底部，必須另外鋪設木地板等鋪面，好處是內藏管線很便利。

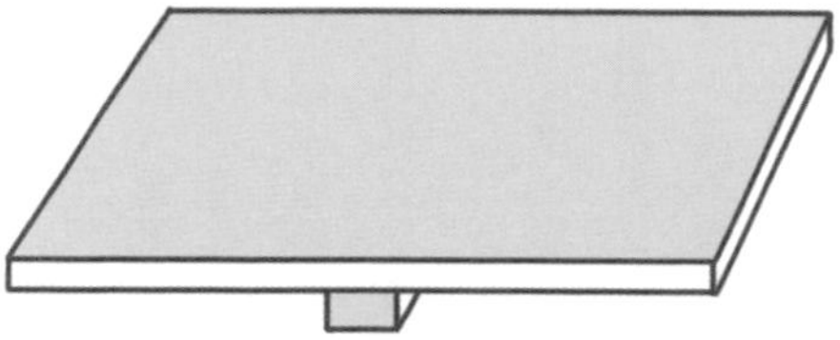

正樑

樓地板位於橫樑頂部，不用另設鋪地板就能使用空間，是台灣最常見的樓板形式。

Questions 152

一開始如何思考格局的配置？

先瞭解自身需求，再區分不同空間的機能性，將有關聯性的空間配置在一起。

每個人對於家的需求和想像都不盡相同，有些人有烹調的習慣，希望有較大的廚房空間；有人與父母同住，需要公私領域分界清楚的生活場域等等。這些都是在進行空間規劃時必須先思考的細節。經過全盤思考後再和建築師進行討論，進而設計出最符合使用者最需要的格局配置。以下將列出思考格局的配置因素：

1瞭解全家人的需求：在設計前先瞭解全家人的需求，重視隱私或淺眠的人，臥寢區是否要離客廳或起居室等公共區域遠一些？喜歡安靜工作的人，是否需要一間獨立書房等等。不同的需求會決定格局的配置，只要規劃得宜，就能打造出美好的居家空間。

2空間分區配置思考：在配置空間時，建議可粗略區分不同空間的機能性，評估哪些區域放在一起才方便，不外乎可分為公共區（客廳、餐廳和廚房）、私人區（主臥、小孩房、長輩房）、移動區（玄關、廊道、樓梯）。將這些有關聯性的區域放在一起，集中區域功能，同時也縮短了行走動線。

3考量通風和採光：配置格局時，會考慮到通風和日照。每一個區域都要能保持良好通風。另外，最好能考量光線進入的方向去配置，像是客、餐廳等公共區域由於家人聚集的時間比較久，通常都會配置在採光最良好的地方。

4納入未來的需求：通常蓋了之後，都不太會再大動格局，因此在事前要開始考量未來10～20年的需求，先想像出未來可能的情景，才不會覺得空間不夠用。

5居住成員決定房間數量：先思考居住人數會有哪些成員，是否會和長輩同住？未來是否會容納兒女的小家庭？然後再來決定房間的數量。

6考量家事流程：一般來說，家事同時並進是最有效率的做事方法，因此廚房、工作陽台和洗衣間如果規劃在一起，洗衣和料理同時進行，就能減少不必要的移動路線，就能讓家事作起來更輕鬆，達到事半功倍的效果。

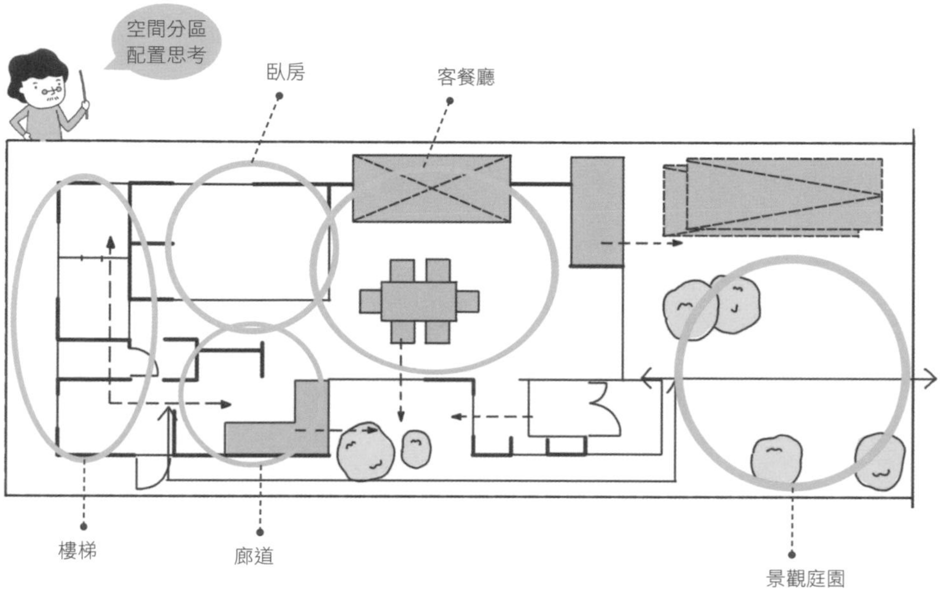

Questions 153

我家是重劃區，土地狹長，中間採光不好，要怎麼設計才能改善採光問題呢？

利用天井和側面開窗增加採光、或是降低隔間的高度讓光線進入全室。

像是重劃區的土地多為狹長形，因此都有縱深太長的問題，在設計時，為了避免光線容易照不進房屋的中央地帶，可採用以下方法：

1 開放天井或側面開窗：利用天井讓光線貫穿整體空間。或在法規允許的範圍內，在側面開窗增加採光度。

2 降低隔間高度：隔間牆的高度降低或為開放式的設計，除了可以迎進光線之外，也讓視覺得以延伸。

3 隔間以採光順向設計：隔間配置依照光線進入的方向設計，同時在迎光面利用玻璃或線簾等具有穿透性的材質，加強整體明亮度。

Questions 154

如何規劃流暢的動線才對呢？

先考慮家人的生活習慣，再依照各區的機能去配置，就能找出最適合的行走動線。

在考量空間與動線之間的關係時，可依照以下方法規劃出最適宜的動線。

1 考量生活習慣：在規劃隔間配置時，要考量到家人的生活習慣，例如習慣在臥房更衣化妝，更衣室就不宜與臥房距離太遠，或是獨立做在臥房外側，這樣可能會導致不斷來回臥房與更衣室，浪費許多時間。

2 依照機能分區配置：可依照家人的使用習慣和和用途分區。像是客廳、餐廳和廚房是全家人最常使用的區域，因此建議可串聯這三個區域作為公共區，主臥和次臥則歸為睡眠區，衛浴間則最好與睡眠區相鄰。主臥內部可配置一間主浴，而客浴則留給其餘家人或客人使用，因此客浴就不建議離公共區太遠。另外再將家事相關的區域規劃在一起，像是廚房和洗衣區的位置最好是相鄰，節省家事工作的流程和行走動線。

3 找出主動線：配置完格局位置後，在空間中歸納出一條主要軸線構成主動線，主動線再串起其他空間，形成次動線，在移動時，就能規劃出到各區的最短距離。

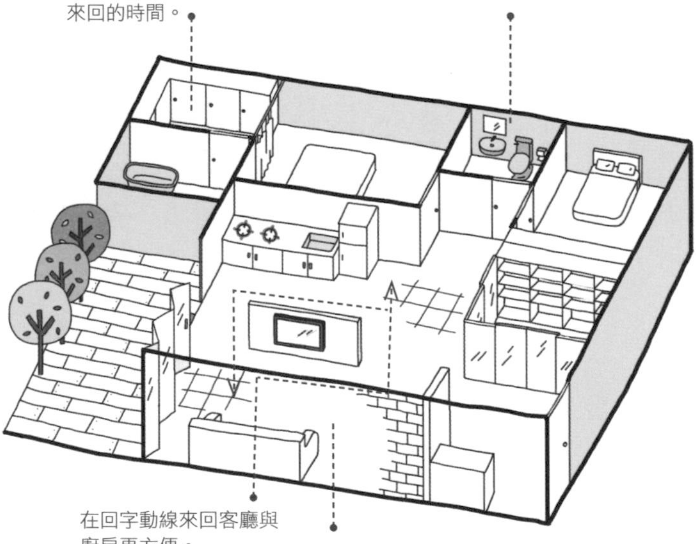
更衣室與主臥相鄰，節省來回的時間。
客浴與公共區不要相鄰太遠。
在回字動線來回客廳與廚房更方便。
將客廳、餐廳和廚房規劃在同區。

Questions 155 客、餐廳的設計重點，大致上會有哪些？

依照全家的生活習慣設計出合宜的配置，並且賦予流暢的動線。

客廳是招待客人的場所，在動線上，應位於玄關後的第一個空間，絕不宜放在角落。

客廳及餐廳是家中成員最常使用的空間，因此，從各個房間到客、餐廳的動線都必須緊密連結。此外，餐廳也是最好的迴旋空間，通常在餐廳停留的時間多半只是吃飯，可當成到客廳、廚房、浴室或是到臥室的迴旋區域。

通常在設計客餐廳時，會考慮到以下因素：

1找出全家人的共識：客、餐廳是一家人居住、相處的公共空間，如何賦予客廳何種功用，端視一家人的需求及共識。

2順暢的動線：客、餐廳大多為空間的主角，從這兩個空間到其他區域都需行走得宜。

3預留兩人相錯的空間：和臥室不同，客、餐廳是多數人集中的地方，從入口到餐桌或是沙發的路線，是使用頻率最高的，因此要設計有寬敞的空間。一個人正面前進需要的空間為55～60公分，為了讓兩個人能錯身而過，需要有110～120公分的空間。另外，也要考慮餐廳的通道寬度，若餐椅的背後為牆壁，至少要留出100公分的行走空間。

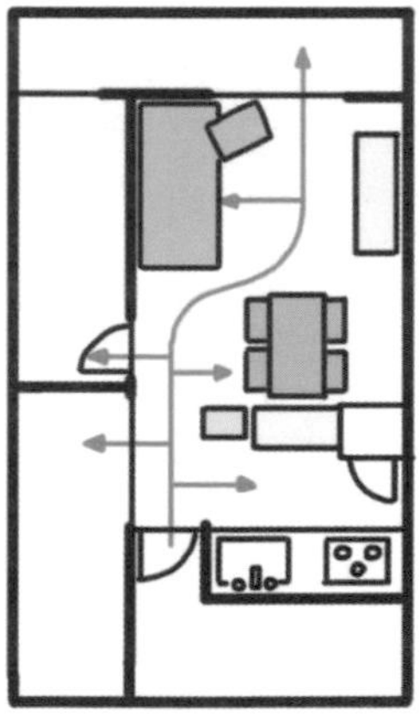

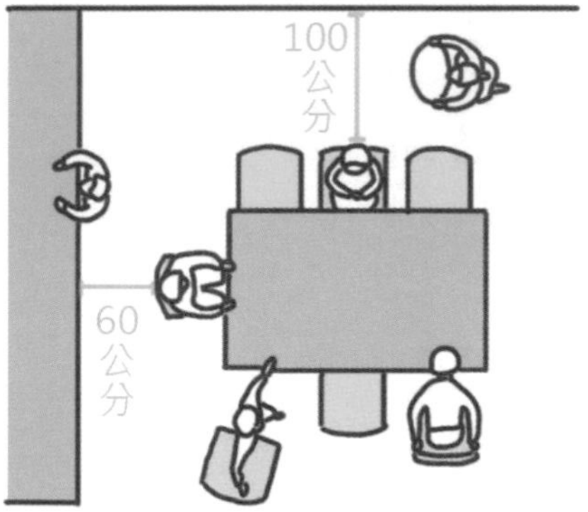

Questions 156 常見的廚房配置為何？

常見的有一字型廚房、L型廚房、ㄇ字型廚房、二字型廚房、中島型廚房等等。

以下介紹各種廚房的特色：

1 一字型廚房：廚具主要沿著牆面一字排開，動線都在一直線上，比較不佔空間，最佳的空間長度應為2公尺，但若空間過於狹長，拉長了在直線活動的時間，反而會降低工作效率。

2 L型廚房：L型廚房在動線規劃上又比一字型廚房可以來得靈活，工作動線的安排最好是按照烹調習慣，將設備沿著L型的兩條軸線依序擺放，將冰箱、洗滌區和處理區安排在同一軸線上：爐具、烤箱或微波爐等設備則放在另一軸線上，彼此的距離約在60～90公分，就能形成一個完美的工作金三角，不過要注意的是，其中一邊的長度不宜太長，最長約在2.8公尺左右，才不會降低工作效率。

3 二字型廚房：為兩個平台所形成的二字型廚房，此類廚房的儲存空間有限，較適合對收納空間需求不大的人。需要注意的是，為了保持走道順暢，兩邊的間隔最好能保持在理想距離90～120公分。

Questions 157 想要和小孩多點互動，並且能隨時看顧得到，要怎麼設計才對？

好的格局設計能讓家人的互動更親密，以下將說明如何利用格局聯繫家人的情感。

1 開放無阻隔的公共區域：在家人最常聚集的客、餐廳和廚房等公共區域，採用無阻隔的開放空間，像是選用開放式廚房，讓媽媽在做菜時也能隨時關注小孩的舉動。

2 小孩房不採取套房式的設計：若小孩房是套房式的設計，小孩就不易出來走動。建議將衛浴移至公共區域，增加親子互動的機會。

3 整合全家共用的書房：建立一個全家都可用的書房，不論是寫家庭作業或用電腦，都能隨時看顧，增加親子相處的時間。

Questions 158

該如何因應不同年齡層階段的兒女去配置小孩房呢？

一開始幼兒時期可以打通一房，等到長至青春期，就可以隔間分隔，或是將閒置不用的空間改造成小孩房。

不同成長階段的小孩，在空間設計上會隨之有不同的需求，在足夠的坪數條件下，需適時的調整隔間。以下介紹不同時期小孩房的空間規劃：

1 一房同住的幼兒階段：在這個階段的小孩，身高和體型較小，可將兩房打通成一房，讓兩人同住。除去臥寢區之外，剩餘的寬闊空間可作為小孩的遊憩場所，讓小孩有足夠的玩樂空間。再加上兩人同住，父母也方便同時看顧。

2 區隔兩房的青春期：到了青春期的小孩，開始有了獨立的意識，因此建議區隔成兩房，加上隔間牆讓各自都擁有獨立的空間。若為同性的兄弟或姊妹，可用不做滿的雙面櫃或拉門設計取代隔間牆。雙面櫃能增加收納機能；拉門的設計能拓寬空間尺度，兄弟姊妹之間也能聯繫情誼。

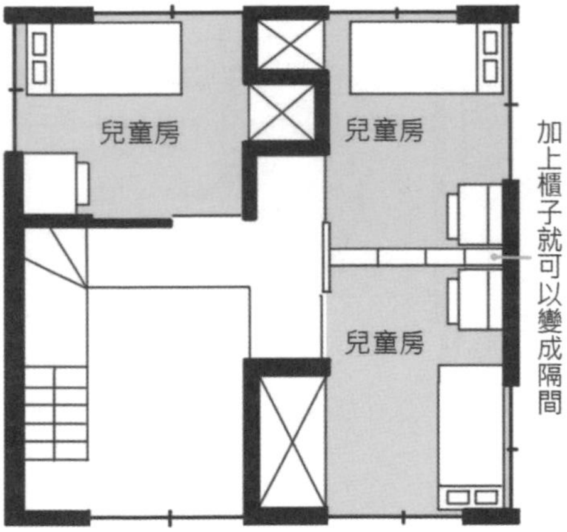

加上隔間牆，讓兩人擁有獨立空間，或是利用多餘的空間改造成小孩房。

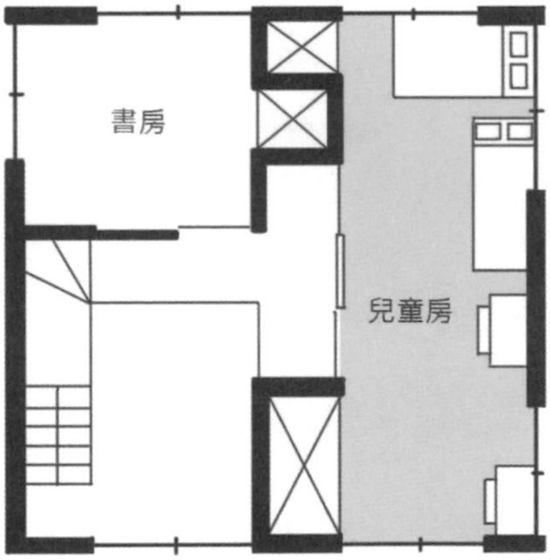

同住一房，讓小孩有足夠的空間學習或玩樂。

Questions 159

景觀花園的設計要注意什麼？

首先要考慮到房屋座向、採光和通風，接著依照喜好的風格選擇適當的植物，再來安排視覺的動線和植物位置的層次變化。

房屋座向會影響到採光和通風，進而影響到選擇植物的種類。若是蓋在都市區的透天厝，有時候會被隔壁大樓擋住光線，景觀花園的日照時間短，這時就需考慮選擇半日照或耐陰的植物。

接著，依照喜好的風格去設計，通常有棕櫚科植物和雞蛋花為主的南洋風；以五葉松、杜鵑和循環式流水的和式庭園；以及以尖塔型樹種和草花為主的繽紛歐風花園。建議風格需和建築物外觀相互搭配。

在選搭樹種時，會依照腹地的大小安排植物的層次高低，通常會有一棵主要的景觀樹，搭配次高的樹種和盆花循序漸降。同時也要考慮從室內往外的視覺動線，安排窗景的植物層次，引進戶外的綠意，讓室內和戶外連結。

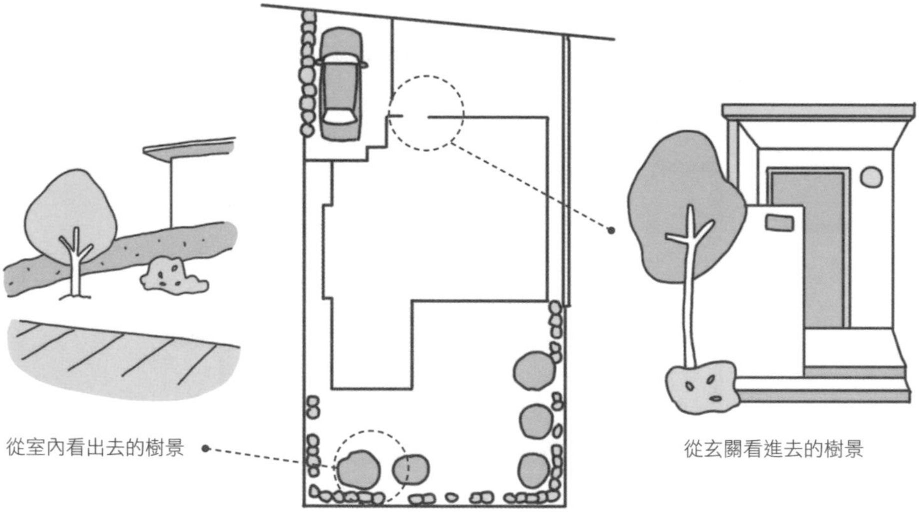

適當安排樹景的視覺動線

Questions 160

我想要有個綠圍籬或花牆，選哪幾種植物好呢？

若是要有隔絕視線的功能，可選擇七里香、羅漢松等中型樹木；若想區隔地界用的，選擇喬木和灌木類的低矮樹叢就很適合。

作為圍籬的植物可選擇七里香、羅漢松、肉桂或台東火刺木等中型樹木，高度夠，可以有效阻隔路人的視線，區隔內外。另外，也可種植落葉性地錦等藤蔓類植物，葉子像葡萄葉，秋日會轉紅，冬天葉子盡落到了春天會變綠，這樣的特性在夏日茂盛時可遮蔽光線降低室內溫度；需要光線的冬日，又不會阻礙陽光進入。

若僅是要區隔地界用的，可選擇芳香萬壽菊等較矮小的植物，其枝葉會散發百香果的味道。只要稍微輕碰或噴水，就會散發出百香果的香味，可用來泡茶。

常作為花牆的植物有紫羅蘭、炮仗花等。也可種植蒜香藤，花朵為紫色，葉片有大蒜般的刺鼻味道，昆蟲不愛靠近，有驅蟲的效果。另外，像是九重葛也是不錯的選擇，花色鮮豔，花期也長，可在一片深綠樹種中作為花牆點綴。葉腋有刺，某種程度上有防盜功能。

Questions 161

我蓋了三層樓的住宅，想要種樹來遮陰解決西曬，且不想要有巨大枝葉掉落的問題，要種哪些比較好？

建議可以選擇常綠的樹種，像是樟樹、大肖楠樹等，枝葉茂密不會有落葉的問題。

若是庭院的腹地夠大，可以選擇樟樹，樟樹的樹型美觀，枝葉茂密，幅寬可生長至6公尺左右，能有效遮擋陽光。但也因為生長幅度寬，樟樹位置不能離建築物太近，否則要經常修剪。而大肖楠樹的樹型也美，可作為節慶時的裝飾樹，終年常綠，也不容易掉落枝葉，適合種在中北部或坡地。若不想枝葉太多，可以選擇瘦高型的竹柏，遮陽性好，不會占很大空間也沒有落葉問題。另外，也建議可以種植櫻花，增加季節感。

Questions 162

我家是日式庭院，在景觀設計上，想要仿日式的風格，該怎麼設計比較好呢？

日式風格花園會有一顆主景樹，通常會選擇松樹、杜鵑、楓樹、櫻花等樹種，其餘樹種和盆栽圍繞著主景樹依序而降排列。並安排自然環境的縮影，利用假石、流水代表山河，透過花木和造景型塑出「禪」的意境。

日式禪風最主要的精神是寧靜致遠，在寧靜思考中得到悟的能力，日本人認為人生的問題都能在大自然中找到答案。因此期待能在一方庭園角落中，透過花木姿態與造景的景觀，給人沉思的力量，像是會有竹筒流水的設計，從水滴落入池中的固定頻率來看，便是要人在這樣的頻率中，沉澱思緒，靜心思考。

常見的風格元素有：

1窗景的表現：日本因為環境空間小，花園的坪數不大，受光性受限。因此他們非常重視窗景的表現，希望能以小觀大的方式，即使坐在室內或玄關一角，都能從各種不同角度觀賞庭園風景。

2多層次庭園設計：在日式庭園裡，非常重視多層次的表現，從房子玄關的木階開始延伸而出，通常會先鋪設石階，再來為碎石區，這是為了讓環境有乾燥效果，接下來種有地被植物，而後是灌木、中型植物、大型植物及圍籬等。層層的延展而出，讓小空間也有多層次的放大效果。

3多種植細葉類植物：日式庭園代表性的植物多為細葉類植物，而木、石、水、樹是主要的搭配主角，樹木方面以松樹、杜鵑、楓樹、櫻花等用來做為主景植物。這類樹木的樹冠較為錯綜複雜，枝幹分明，枝條的表現重於葉片的表現。而中型植物，例如七里香、杜鵑，日本紅楓、中型真柏等觀葉植物亦不在少數。另外，地被植物使用亦多，例如蕨類、八角金盤、溼冷植物等。

攝影＿葉勇宏

4多以石材鋪陳：碎石、卵石、石燈、手洗缽（洗手表淨化之意）等，都是庭園中常見的配置。而日本環境較溼冷，碎石子的使用，可讓空間保持乾燥。小石子多在屋前玄關外圍，有乾燥與淨化效果，而卵石有時也可做河流等水景的意象。

攝影＿葉勇宏

Questions 163

我家是歐式洋房，想做符合建築的英式花園景觀，需要注意哪些事情？要種哪些植物？

英式花園大致可以說是景觀式的庭園，也就是極富自然風的園藝設計，鮮少會有直線型的區塊設計，植物總是成簇狀生長。整體來說，在人為的配置裡，讓各類的開花植物錯落其中，表現自然之美。

英式花園主要有很多工整的修剪樹和草花植物為主，會選擇色彩豐富的開花植物，讓四季都能有繽紛的景致，而玫瑰花為英式花園的主角，再交錯配置粉瑪格麗特、白路易斯安那鳶尾等等。大致上會有以下的基本元素：

1 植物色彩多樣化：英國花園的植栽構成類型豐富，通常會有百年老樹，成為園中的重要主樹。而草坪也是花園裡的規劃重點，有了草坪的鋪設，讓花園更有開闊感、呼吸感。另外，成簇的植栽組合，常見多樣性的開花植物混種一起，尤其會以玫瑰為主角。在英國的庭園裡，花團錦簇可說是常見的景象，呈現自然舒適的風格庭園。

2 以開花植物為大宗：英國花園裡，除了樹木草坪外，最常見的就是各式多年生的開花植物，像是玫瑰、繡球花、菖蒲、球根類植物等等。

3 花圃的曲線不規則：不同於法國宮廷式方整區塊的花圃，英國的花壇規劃為不規則，不刻意區分，所以英國花壇不一定都有籬笆，即便有籬笆，也多呈圓弧狀植栽常沿著彎曲的小徑生長，路與花圃並沒有很明顯的界限，甚至有花草淹沒了小徑的感覺。

4 植物的高低層次不規則：英國花園裡，植物通常是不規則的散佈，在一片看似雜亂無章的區域裡，其實蘊藏了精心的園藝設計。例如將五、六種植物種在一起，它們各有不同的生長高度，因為不刻意做花木的整型，整體看來就會表現出不規則的高低層次。而栽種時，往往是高矮層次混雜，讓花園看來豐富而自然。

攝影_Amily

Questions 164

打造頂樓花園最需注意的幾個重點？

屋頂在打造花園之前，得加設防水層；選用輕質的土壤，減輕樓板的承重。另外要選擇根系不強的植物，避免造成破壞。

在屋頂做花園，先加強防水層的施作。此外，洩水坡與排水孔也是重點。

而頂樓的樓板通常又比其他樓層的地板來得薄，為減輕承重力，土壤宜選用輕盈的人造土。同時最好避免鋪設沉重的碎石或造景石塊，或種植大面積草地而堆土，改以尺寸較小的花盆或花台為妥，並選擇根細較淺的植物為主。

若想達到隔熱效果的話，爬滿藤蔓的棚架，既可遮陰，還能為底下的樓層避開陽光直射所引發的高溫。

Questions 165

我想要有峇里島般的景觀庭院，要怎麼設計比較好呢？

峇里島式的南洋風庭院常以熱帶性植物和漿科植物為主體，如雞蛋花、紅椰子、天堂鳥、旅人蕉等呈現熱帶雨林的自然氛圍，並輔以水池、石雕造景，呈現原始純樸的韻味。

由於東南亞、峇里島等熱帶地區的國家，氣候炎熱，人們的生活態度較為輕鬆慵懶，庭園的設計，也總是表現出熱情、自然、輕鬆無壓的視覺效果。南洋風格是最配合大自然的庭園設計，將自然植物拉到庭園中，表現出一種舒適的親切感，較為熱情、直接，植栽、地材和石材皆為當地可取得的，便宜且簡單。以下為打造南洋風花園的基本元素：

1熱帶型植物風格強烈：在南洋地區，常見棕櫚科及闊葉型樹木，因此景觀設計上，並不特別要求花漾繽紛的效果，而是以直立高大的樹木，闊葉型花木取勝，像是雞蛋花、白水木、海檬果、麵包樹等。就地取材的熱帶型花木，表現出南洋的熱情風格。

2手感工藝品的配置：景觀造園上，不刻意做繁複的設計，最常見的是石雕、石燈及茅草屋的運用。石雕多以宗教類圖騰或自然元素為主，像是青蛙、魚、扶桑、雞蛋花等。另外，還常見發呆庭的配置，以乾燥的茅草或棕櫚葉鋪設，乃是擷取自南洋悠閒、舒服的生活意象。

圖片提供＿設計師李會奇

Questions 166

我家住在花蓮靠海的地區，要種哪些樹可以擋風又耐鹽的？

建議可以在迎風處種植露兜樹（林投）、木麻黃、大葉樹蘭等抗鹽性高又耐海風的植物。

在花蓮靠海地區的建築物，除了會有海風的問題外，夏天還有颱風來襲，若想種植擋風的樹種，建議要選擇樹幹粗、根細強壯和抗風抗鹽的植物。因此像是台灣原生的露兜樹，也就是俗稱的林投，或是木麻黃、大葉樹蘭、瓊崖海棠，都適合種在沙質土壤的海邊，有防風定沙的作用。大葉樹蘭的果實許多鳥類很愛吃，可以觀賞到豐富的自然生態。另外，6月為瓊崖海棠盛開的花期，能欣賞到白花綻放的姿態。

Questions 167

我家的土地類似梯田，想種一些抓根力強的大樹或景觀植物，又要怎麼分配設計，才會比較好看呢？

首先要規劃視覺動線的分配，並種植適合坡地的植物，再穿插會開花或葉子會變色的樹種，增加季節更迭的感受。

在梯田種植一排排的中型樹種，像是樹型優美的肖楠，其根系的抓地力強，適合種在坡地。而其中穿插會因季節變色的烏柏，烏柏在春秋兩季葉子會變紅，在一片綠意之中展現鮮豔的紅色形成對比。另外，種一兩棵會開花的主樹種，可增加賞花的樂趣，像是櫻花就很適合。不過櫻花、肖楠常見於中北部，若在南部要種植生長較不易。靠近房屋的部分則種植開花植物，再利用草皮營造大片的綠意，與花色相映襯，並種植次高樹種的灌木，鋪排視覺層次。

PLUS 5

格局需求Check List

自地自建最重要的就是能打造量身訂作的家，想要住得舒服，就得考慮到格局的配置和重點，以下列出各區的Check List，幫助屋主思考如何打造舒適的環境。

1 玄關 Check List

項目	內容
玄關位置	□距離道路較近的位置 □避開可直接從路上看進玄關的位置 □其它
最重視玄關	□是否明亮 □出入是否寬敞 □能否維護隱私 □無障礙設施的有無 □收納是否完善 □其它
收納功能	□鞋櫃 □雜物櫃 □儲藏室 □其他
需要收納的物品	□鞋子 □傘 □衣物 □掃除工具 □園藝工具 □寵物用品 □其他
其他	

2 客廳 Check List

項目	內容
客廳大小	約__________坪
最重視客廳	□是否明亮寬敞 □通風良好 □能否維護隱私 □無障礙設施的有無 □收納是否完善 □其它
功能	□讓身心放鬆 □便於接待客人 □讓家族團聚 □有空間讓小朋友唸書 □可舉辦家庭宴會 □其他
天花板高度	□一般高度 □希望比房間略高 □希望挑高
收納功能	□一般現成櫃 □活動傢具加強收納 □整面收納櫃 □書架 □其他
設備	□電視______台 □電腦______台 □冷氣______台 □電話 □影音設備 □空氣清淨機______台 □除濕機______台 □其他
傢具	□沙發 □椅子 □桌几 □立燈 □其他
其他	

3 餐廳 Check List

項目	內容
餐廳大小	約＿＿＿＿＿坪
收納功能	□餐櫃 □收納櫃 □酒櫃 □儲藏室 □其他
傢具	□餐桌 □椅子 □其他
餐桌尺寸	□ 2 人用 □ 4 人用 □ 6 人用 □其他
餐桌形狀	□長方形 □正方形 □圓形 □橢圓形 □其他
其他	

4 廚房 Check List

項目	內容
廚房大小	約＿＿＿＿＿坪
最重視廚房	□是否明亮舒適 □動線是否順暢 □通風良好 □收納功能是否充足 □是否能好清潔 □是否能隔絕油煙 □是否能從廚房看到家人 □其他
廚房類型	□開放式廚房 □半開放式廚房 □封閉式廚房 □其他
廚房配置	□一字型 □ L 型 □二字型 □ U 型或ㄇ字型 □其他
收納功能	□吊櫃 □及腰廚櫃 □高櫃 □轉角怪獸 □其他
中島設計	□要 □不要
電器設備	□冰箱 □瓦斯爐 □電磁爐 □抽油煙機 □微波爐 □洗碗機 □烘碗機 □電鍋 □烤箱 □其他
其他	

臥房 Check List

5

項目	內容
房間數量	________間
房間大小	約________坪
臥房位置	☐ 1 樓　☐ 2 樓 ☐其他
最重視臥房	☐通風良好　☐是否明亮寬敞 ☐是否安靜　☐隱密性是否足夠 ☐無障礙設施　☐收納是否足夠 ☐是否好清潔　☐其它
衛浴及其他空間的有無	☐衛浴　☐更衣室　☐書房 ☐陽台　☐其他
傢具	☐單人床______張　☐雙人床______張 ☐衣櫃　☐椅子　☐沙發 ☐書架　☐電視　☐電腦 ☐收納櫃　☐梳妝檯　☐音響設備 ☐其他
其他	

小孩房 Check List

6

項目	內容
房間數量	________間
小孩房位置	☐ 1 樓　☐ 2 樓　☐其他
最重視小孩房	☐通風良好　☐是否明亮寬敞 ☐是否安靜　☐隱密性是否足夠 ☐無障礙設施　☐收納是否足夠 ☐是否好清潔　☐是否能隨時觀察小孩動態 ☐其它
衛浴及其他空間的有無	☐衛浴　☐更衣室　☐書房 ☐陽台　☐其他
傢具	☐單人床______張　☐雙人床______張 ☐衣櫃　☐椅子　☐沙發 ☐書架　☐電視　☐電腦 ☐收納櫃　☐梳妝檯　☐音響設備 ☐其他
其他	

7 衛浴 Check List

項目	內容
衛浴數量	________間
衛浴大小	約________坪
衛浴位置	□ 1 樓 □ 2 樓 □和臥房相鄰或同間 □其他
最重視衛浴	□是否好清潔 □是否夠明亮寬敞 □通風良好 □無障礙設施 □防滑功能 □其它
浴缸種類	□一般浴缸 □按摩浴缸 □其他
馬桶種類	□一般沖水馬桶 □小便斗 □其他
設備	□電視 □暖風機 □蒸汽設備 □抽風機 □其他
其他	

8 景觀庭院設計 Check List

項目	內容
庭院大小	約________坪
庭院位置	□面南 □面北 □面東 □面西
風格	□英式風 □日式風 □南洋風 □中國風 □雜貨風 □其他
庭院日照特性	□陽光充足無遮蔽 □有部分遮蔽 □全被遮蔽
植物特性	□有無香味 □有無開花 □全日照 □半日照 □全陰 □是否耐旱 □其他
環境和設施	□水池 □涼亭 □鞦韆 □桌椅 □其他
設備工具	□自動灑水器 □除草機 □鐮刀 □鏟子 □其他

Step 8

建材和設備選對了，入住沒煩惱。

Point1 常見建材種類和挑選原則

Point2 設備的機能介紹和挑選原則

Questions 168 同樣都是水泥，我可以用彈性水泥或白水泥取代普通水泥嗎？

不同種類的水泥含的成分略有不同，展現的特性也不太一樣。因此，每種水泥適用的範圍及價格也不同，要依照用途選擇，以下簡介其特性與適用範圍。

1 普通水泥（波特蘭第一型水泥或稱為矽酸鹽水泥）：主要成分是氧化鈣和氧化矽，其抗硫酸鹽性能較差，水合熱稍高；早期的強度不高，多在一般建築、工程使用。

2 白水泥：用不含氧化鐵和錳的純粹石灰石和白黏土所製成的，或是在灰白色的水泥中加進硫酸鋇以增白。白水泥的凝固較快、強度次於普通水泥，主要用來填補磁磚的縫隙和粉白裝飾。

3 益膠泥（磁磚黏著劑）：防水抗滲效果好，抗壓強度高、耐凍融、抗老化，可避免傳統以水泥砂漿黏貼引起的空鼓及脫殼。適用於地面、牆面的瓷磚、大理石、花崗岩等材料。

4 彈性水泥：在製造過程中，用完善的攪拌方式驅除氣泡，同時加入少量聚合凝固物質而成的。彈性水泥在一定範圍內能如橡皮般壓縮和拉伸，混凝土建築常利用其彈性、防水的特性來填補裂縫。

Questions 169 自己蓋房子，想使用好一點的建材，選用哪種鋼筋比較好？

建議依照自己的建築結構選擇適合的鋼筋。

鋼筋（Steel Bar）用於鋼筋混凝土建築，是構成支撐建物結構的骨架。鋼筋有很多種，若以外型來說，台灣最常見的是「竹節鋼筋」這種變形鋼筋。圓條狀的變形鋼筋因為表面帶有凹凸，能增加與混凝土的接觸面積、增強握持力，進而提高結構強度。鋼筋可依照材質與製作方式來分類。比如，熱處理鋼筋（俗稱水淬鋼筋）的拉力較大，但大家通常覺得熱軋鋼筋的品質會比水淬鋼筋更穩定。

依照整座建築結構，分別選擇適合的鋼筋種類、尺寸與數量。也就是說，主樑可能適用某規格、形狀的鋼筋，地基又適用另一種。當然，選用高強度的鋼筋可以減少用量。比如，受力鋼筋若用II、III級，能比用I級鋼筋的節省40～50％的鋼材。但整棟建物都選用最粗、最貴的鋼筋，未必就是最好的結構設計！所以，想要提高各處的鋼筋規格，不妨在建物規劃階段，與幫你蓋房子的建築師、結構設計師溝通。

高拉力鋼筋製程及品質分析表

材質	強化機制	成本	品質疑慮
熱軋鋼筋（一般鋼筋）	增高C、Mn使波來鐵增加	低	碳當量增高，銲接性差
低合金鋼筋	添加Nb、V析出補助強化	高	無
水淬鋼筋（熱處理鋼筋）	表面藉淬水（回火）來形成高強度	低	1 表面易銹蝕 2 銲接性較差 3 車螺牙易導致強度不足 4 製程須精確控制溫度及冷卻條件，否則機械性質不安定

熱軋竹節鋼筋的等級與應用範圍

等級	特性	特性
I級	最普遍使用的鋼筋，俗稱螺紋鋼屬於低強度鋼筋，塑性好、易彎折成型、易焊接。	用於非預應力鋼筋混凝土，當成一般建築的箍筋或拉桿。
II級	強度優於I級。	用於非預應力鋼筋混凝土或大型工程，當成建築結構的主筋。
III級	加入釩、鈮、鈦等合金。 有強度高、韌性好、焊接性能、抗震力佳。	用於非預應力鋼筋混凝土或大型工程，當成建築結構的主筋。尤其高層建築最常用。
IV級	加入釩或鈦，可同時保有塑性和韌性。 強度高，低塑性、低變形力。 通常直徑為12公分以上。	用於預應力混凝土板類構件，成束配置用於屋架等大型預應力建築構件。

Questions 170

空心磚內部中空，照理說應可協助隔熱，但為何有人說它不適合用來做外牆？

空心磚因為內部多孔洞，若以傳統磚砌手法，磚塊之間的黏結面過少，一遇外力就容易崩裂，自然不適合。但若選用高強度的產品以及加入鋼筋的施工方式，即可用於外牆。

要以空心磚建構住宅外牆，得先選用粒料勻稱、高強度且不易風化的優質產品，以確保耐震力與防水性；其次，牆體內部必須貫穿豎直的鋼筋（有的會加入橫向鋼筋，甚至夾入補強用用的五金），並灌入混凝土來填滿孔洞。其植筋方式講究，比傳統的紅磚牆還費工。空心磚牆雖不能像早年的紅磚牆一樣被視為承重牆，但也擁有足夠的耐震強度。

空心磚外牆不僅重量為傳統磚牆的1/3，吸水率也只有磚牆的2/3，甚至近乎於零。也因為磚體內部空心，隔音、隔熱效果更佳。所以，若能空心磚牆精準施工，對於採樑柱系統的鋼筋混凝土建物與輕鋼構建築來說，空心磚也可以是很好的外牆建材。

空心磚

空心磚多半用水泥製成，也有用紅磚或其他材料燒製。

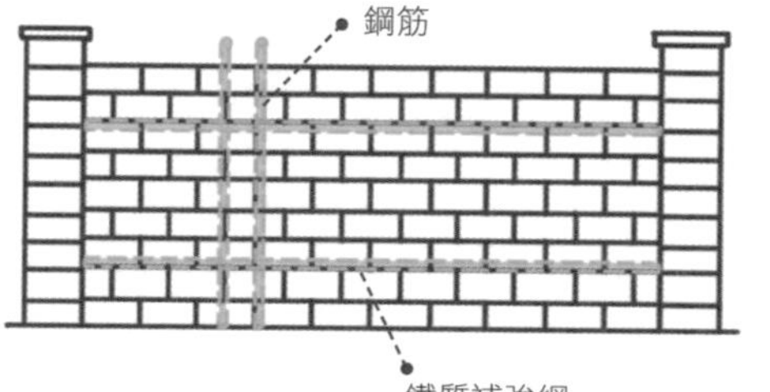

空心磚牆立面

每幾排砌磚之間加入橫向的鐵質補強網，或鋪設橫筋專用的空心磚並灌漿、穿入直向的鋼筋，藉此加強結構。

Questions 171

日本瓦、歐洲瓦與中式瓦的特色與適合的風格各為何？

中式屋瓦呈純黑或磚紅色，適合傳統中式建築。歐洲瓦以西班牙瓦為代表，瓦面呈S型，表面具有各種漸層色彩。日式屋瓦以灰黑色為主，造型線條緩和，展現禪風的沉穩調性。

1中式瓦：現今較少被住家使用。可再分為平瓦與琉璃瓦。素燒的平瓦，呈純黑或磚紅色。表面無釉料，吸水率較高。而琉璃瓦則用釉料展現華貴的色澤，常見顏色為土黃、靛藍與墨綠。中式屋瓦宜搭配傳統建築的造型，屋脊或屋簷的收邊也應遵循傳統。

2日本瓦：有燻瓦、平瓦、文化瓦等。燻瓦是古早的傳統瓦，具有防水性。平瓦的瓦面呈板型，質地彷如天然板岩。而文化瓦則是燻瓦的改良產品，瓦面也比燻瓦較大，且帶有波浪般的曲線。早期的文化瓦易被強風掀落；現在已具備雙釘孔與雙向契合等抗風的設計，目前也是台灣最大宗的屋瓦。大體上，日式屋瓦以灰黑色為正統，鋪面的和緩線條展現禪風的沉穩調性。

3歐洲瓦：以西班牙瓦為代表，義大利、葡萄牙也是知名產地。南歐的進口瓦，瓦面呈S型起伏，又稱為S型瓦，燒製出來的瓦片多以磚紅色系為主，而同一片瓦就可能呈現各種漸層變化，顏色繽紛。因此，鋪出的屋面色感特別活潑。另有德國瓦。瓦面也呈圓拱狀，但色彩較淡雅。

不同屋瓦適用的建築風格

名稱	特色	主色系	適用風格
日本瓦 	1 瓦面較平，顏色穩重。 2 特別重視抗風與耐震性。	灰黑色	日式；現代和風
歐洲瓦 	1 鋪面呈筒狀起伏的密集線條。 2 色彩繽紛。	磚紅色	歐式鄉村風
中式瓦 	1 鋪面緩和，外觀樸實。 2 琉璃瓦呈現華麗穩重感。	1 平板瓦為磚紅色或黑色。 2 琉璃瓦多為黃、藍、綠。	傳統中式、傳統台式
晶石鋼瓦（蛭石鋼瓦）	1 在鋼瓦表面上鋪灑天然蛭石。 2 僅兩、三公分厚，每片長約 1 公尺，寬約 30 ～ 40 公分。 3 外觀可模仿日本瓦或歐洲瓦。	有多種色系可選	西式、現代任何風格皆可

Questions 172 很想鋪設實木地板卻負擔不起價格。若採用複合式木地板，不知選哪種較好？

複合式木地板，也就是所謂的海島型木地板和超耐磨木地板。若想要擁有實木觸感，選擇海島型木地板，若怕傢具或家中寵物刮傷地板，可選用超耐磨木地板。

相較於實木地板為整塊實木削製而成，複合式地板則是在夾板或密底板為基材，表面貼上木皮、美耐板等材質再壓製而成。目前最常見的有海島型木地板、超耐磨木地板這兩種。

1 海島型木地板：第一層為原木皮，下方則以多層夾板為基材。通常表層的實木皮厚度介於 0.5mm 至 4mm 之間；木皮越厚就越耐用，且紋理越逼真。海島型木地板則是因應潮濕環境而產生的，基材使用層層交錯的夾板來避免因溫濕變化所引發的變形。因此，海島型木地板的品質關鍵在於基材，其結構是否能有效控制板材受潮後的膨脹變形。一坪約莫 NT.7,500 ～ 13,000 元

2 超耐磨木地板：超耐磨木地板的組成和海島木地板類似，差別在於超耐磨木地板的表面裝飾層並非木皮，而是印刷上仿木紋的圖案的耐磨層。表面材質通常是耐磨關鍵，耐磨程度以轉數計算，從幾千到一萬多皆有，轉數的數值越高，就越耐磨，其特性適合用在有小孩或寵物的家庭。價格比海島型木地板便宜，一坪約莫 NT.4,000 ～ 10,000 元都有。

此外，還有用木條或木片拼接的集層式地板，以及可說是海島型木地板前身的銘木地板。這些複合式木地板，由於都是靠高壓膠合，最好能注意黏著劑是否含有甲醛等非發性成分，以免影響健康。至於要選哪一種，各品牌的產品各有優缺點，不妨視自己的預算、空間環境，來尋找最符合條件的產品。

Questions 173 如何選擇住宅的防火建材？

可依照建材的耐燃等級來選用，一般可分為耐燃一級至三級。

防火材是具有防火性能的建材。《建築技術規則》規定了不燃材料、耐火板與耐燃材料這三種防火等級，不燃材料的防火能力越高，依次遞減為耐火板和耐燃材料。以內政部防火材料審查委員會認定的標準來看，CNS 6532 耐燃一級約等同於不燃材料、CNS 6532 耐燃二級約等同於耐火板、CNS 6532 耐燃三級約等同於耐燃材料。

防火建材的定義

耐燃等級	防火效果
不燃材料（耐燃一級）	在火災初期，不易產生燃燒現象亦不易產生有害的濃煙及氣體，其單位面積的發煙係數低於30。同時在高溫火害下，不會有變形、熔化、龜裂等不良現象的材料。
耐火板（耐燃二級）	在火災初期，僅發生極少燃燒現象，燃燒速度極慢，其單位面積的發煙係數低於60，同時在高火害下沒有變形、熔化、龜裂等不良現象的材料。
耐燃材料（耐燃三級）	在火災初期時，僅發生微量燃燒現象，燃燒速度緩慢，其單位面積的發煙係數低於120，同時在高溫火災下，沒有變形、熔化、龜裂等不良現象的材料。

※需注意耐燃等級不等同防火時效。確實的防火時效與建材的構造如厚度等有關。

住宅常見的防火建材與其防火等級

等級	名稱	適用位置
耐燃三級	鋼鐵	結構體
	鍍鋅鋼板	屋頂、外牆
	纖維絕緣板	屋頂
	石棉類板材	內牆、天花
	岩棉類板材	屋頂、內外牆、防火門
	空心磚	內外牆
	玻璃	門窗
	玻璃棉類板材	屋頂、天花、內外牆
	紅磚	內外牆
	混凝土板	屋頂、內外牆、樓地板
	陶瓦	屋頂
	陶粒板	屋頂、內外牆、樓地板
耐燃二級	木粒／木絲／纖維水泥板	內外牆、樓地板
	耐燃石膏板	天花、內外牆
	鍍鋅鋼板貼覆樹脂發泡板	屋頂、外牆
耐燃三級	FRP（玻璃纖維強化塑膠板）	屋頂、外牆
	石膏板	天花、內
	阻燃處理過的實木	內外牆、結構體
	耐燃合板	內牆、室內隔間牆

Questions 174

什麼是輕隔間？常見的輕隔間牆有哪些種類可選擇？

輕隔間，意指用輕鋼架或木質角材當牆體骨架，表面封上薄板材。這樣的牆面不具結構支撐力。輕隔間牆的材質有很多種，最常見的有木作夾板、石膏板、矽酸鈣板、輕質混凝土板、陶粒板等等。

以下介紹常見的輕隔間材質：

1夾板（合板）：由薄木片上膠後一層層的堆疊壓製而成。質地輕且較便宜，帶有原木紋理。但不耐潮，隔音較差。

2石膏板：石膏芯材外覆石膏粉、紙漿與防火紙面而成，價格比矽酸鈣板便宜。為一級的防火材，但不耐潮，不適合用在衛浴。

3矽酸鈣板：由石英粉、矽藻土、水泥等高溫壓制而成，防火、隔熱、質輕且施工快速，是常用的隔間板材。

4氧化鎂（碳酸鎂）板：主要由氧化鎂、氯化鎂、碳酸鎂、珍珠岩、纖維質材料及其他無機物製造而成。質輕，施工便利，無毒無煙且不含石棉。雖然便宜，但非常不耐潮，常在市面上聽到不肖廠商將矽酸鈣板換成氧化鎂板。

5纖維水泥板：水泥混入纖維等成分經高壓成型，不含石棉。不怕水但隔音較差。

6輕質混凝土板（ALC板）：佈滿均勻小氣泡的輕量砂漿預鑄品。具有隔音、隔熱、耐火的特性，為一級防火材。價格較貴，需精細施工。

7陶粒板：佈滿均勻陶粒的輕量砂漿預鑄品。有隔音、隔熱的功能，為一級防火材。施工速度快，但價格稍貴，施工技術影響品質甚大。

8空心磚：內有孔洞的輕量砂漿預鑄品，牆體必須內插鋼筋補強，地震來時較不容易傾倒，製作比砌紅磚費工。

9白磚：由細沙與石灰經高溫壓制而成。重量輕，施工快速。有隔音隔熱和防火效果。白磚易吸水卻不易吐水，不適合台灣的潮濕環境，且質地不耐震，目前較少用於室內的隔間。

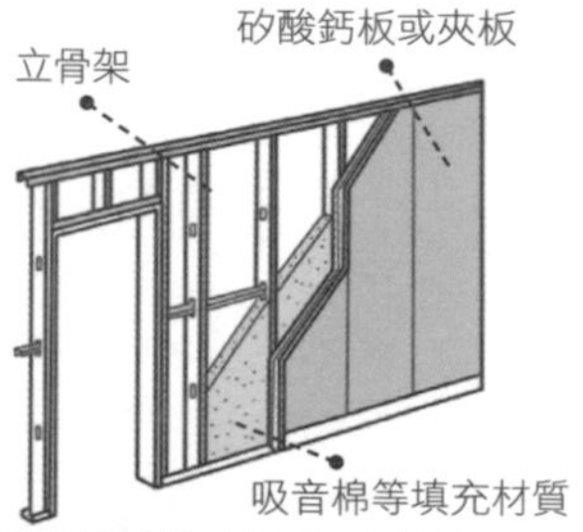

輕隔間牆結構剖面圖（矽酸鈣板/石膏板/水泥纖維板）

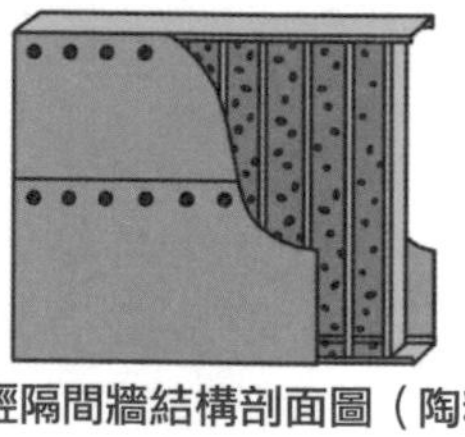

輕隔間牆結構剖面圖（陶粒牆）

輕質混凝土隔間灌注的泥沙比例需正確，以免造成內部空洞的情形。

Questions 175

住家想鋪設無接縫地板，有哪些選擇？

一般有 Epoxy、磐多魔和磨石子地坪。Epoxy 不易龜裂，但表面較脆弱，容易被尖銳物品刺出凹痕。磐多魔抗污力強，耐磨但不耐刮。磨石子地坪施作價格比 Epoxy 和磐多魔便宜，但日久會產生龜裂。

無接縫地板，因為鋪面沒有線條分割，有放大空間的錯覺，且由於無接縫，也比較不會卡灰塵。以下僅就台灣較常見的三種來簡介。

1 磨石子：是早年台灣住宅或公共場所常見的鋪面材質。主材料為小石子與混凝土，硬化後再以機器磨平。大片的磨石子鋪面為避免熱漲冷縮造成裂痕，會加入銅條或塑膠條。表面若有染色或細微裂痕等瑕疵，可以像實木地板一樣刨去表面，但若有深層裂痕就無法維修。因此，水泥與石子的品質、配比相重要。

此外，施工中以機器打磨地坪會產生噪音、粉塵與廢水，容易吵到鄰居，且過程中產生的廢水需要一定的處理程序，不能隨意排放。目前，台灣的專業廠商已不多，較難找到優秀師傅施作。

2 Epoxy：由無溶劑的高環氧樹脂與硬化劑調配而成。由於是塑膠材質，材質光滑且略帶彈性，不易龜裂、起沙，還能高度防水，一開始被應用在工廠與實驗室來打造無粉塵環境。但 Epoxy 地坪雖有多種顏色可選，但鋪面只能使用一種色彩而顯得單調。現有多彩型產品，可打造出彷如磨石子的花色。Epoxy 地坪容易被刮傷；一旦有破損也無法修復，只能整個打掉重來。一坪約為 NT.4,000 ~ 7,000 元。

3 PANDOMO（磐多魔）：以水泥為基材，再添入樹脂與石英砂而成。因此，擁有水泥的氣孔及紋理，又因為有些許彈性，而能避免熱脹冷縮所引發的龜裂。表面也可藉由鏝刀來做出紋理與色澤的變化。若有裂痕可局部修補。PANDOMO 因為有毛細孔，液體可滲入地坪內，並造成吃色現象。一坪約為 NT.13,000 ~ 15,000 元。

無接縫地坪的比較

建材	特色	優點	缺點
磨石子	外觀樸實、自然	耐用、清潔容易	施工污染、會吃色、日久易有龜裂。
Epoxy	光滑無縫、展現時尚感	清潔容易	顏色死板、容易刮傷且無法局部修復。
PANDOMO	外觀兼具自然與時尚	清潔容易	造價高昂、會吃色。

Questions 176

牆壁的油漆有哪些種類可以選？優缺點各為何？

依照組成結構，可分為水性漆和油性漆。油性漆容易產生較刺鼻的味道，雖然便宜，但內含的甲苯讓人避之唯恐不及，因此目前大多以不含甲苯的水性漆為訴求。

混凝土牆面所使用的漆料，可依照稀釋劑的種類，分成用水稀釋的水性漆，及用甲苯、二甲苯或香蕉水稀釋的油性漆。前者包含水性水泥漆及乳膠漆（塑膠漆），後者含括了油性水泥漆及調合漆。

室外牆面、天花，室內漆大部分都是水性油漆，如漆膜較硬，抗水能力更強的乳膠漆。戶外漆講究耐候性。室內漆多為水泥漆或乳膠漆（塑膠漆），水泥漆又分為油性與水性的產品。一般來說，水泥漆的價位較低，塗刷容易，但整體質感也較差；同時，色彩持久度與防霉、耐污性都較低。以水為稀釋劑的乳膠漆雖然價位比水泥漆高，但擁有優越的色彩持久度與防霉、耐污性。乳膠漆訴求無毒，目前已成為室內牆面油漆的主流。不過，塗刷前得先確定牆面的平整度，以展現乳膠漆絲綢般的細膩質感。

牆面漆類	油性塗料	水性塗料
稀釋劑	甲苯、二甲苯或香蕉水	水
質感	平光、半平光、亮光	平光、半平光、亮光
優點	1 漆膜較堅固耐久。 2 防水性佳。 3 成本較低。	1 不含苯、二甲苯等毒性成分。 2 塗刷難度低。
缺點	1 含有機溶劑，剛完工會發出刺鼻味道（VOC 有機揮發化合物的味道）。 2 需要較久的乾燥時間。 3 塗裝時要注意垂流、沸騰、反彈等問題，難度較高。	1 漆膜較不耐久。

Questions 177

我想把窗戶換成能夠隔熱的材質，有哪些選擇？

可選用複層玻璃或熱反射玻璃，都能有效降低熱能進入室內。也可在一般玻璃貼上隔熱膜。

太陽光除了可見光之外，還有紫外線、紅外線等光譜；其中，佔了50％的紅外線是熱能的主要來源。因此，窗材的隔熱關鍵就在於排除紅外線。一般的建築用玻璃，太陽熱輻射的穿透率超過80％，紫外線的穿透率也超過30％。若能降低紅、紫外線的穿透率，就能有效避免長驅直入的陽光加熱室溫。以下簡介市面上常見的、訴求隔熱效果的玻璃產品。

1熱反射玻璃：也就是在一般清玻璃的表面鍍上一或多層的金屬、非金屬及氧化物薄膜來反射陽光，反射率可達30％以上。不過，熱反射玻璃也因此透光率變得很低，導致室內陰暗。而且，熱反射玻璃會反光，形成對周遭鄰居的光害。

2複層玻璃：又叫做中空玻璃，俗稱隔音玻璃，有隔熱、隔音、防潮、節能的效果。通常為雙層或三層玻璃，在玻璃之間灌入惰性氣體或做成真空；藉由玻璃層之間空氣無法對流來阻絕熱能的傳遞。

3低輻射隔熱雙層玻璃：或簡稱低輻射玻璃（Low-E），俗稱節能玻璃。這種玻璃是在複層玻璃的中間再加入三層薄膜；中央的那層薄膜Low-E，內外兩層則為PVB膜。這可以阻絕的紫外線和紅外線卻保留光線的穿透。隔熱率約近7成，透光率則為6成。它比複層玻璃擁有更佳的節能效果。反射率也低。

4隔熱節能膜：這種貼膜藉由可透光的奈米塗層反射紫外線及紅外線等光波，僅保留可見光。但目前產品良窳不齊。宜選擇透光率、反射率較高的產品。

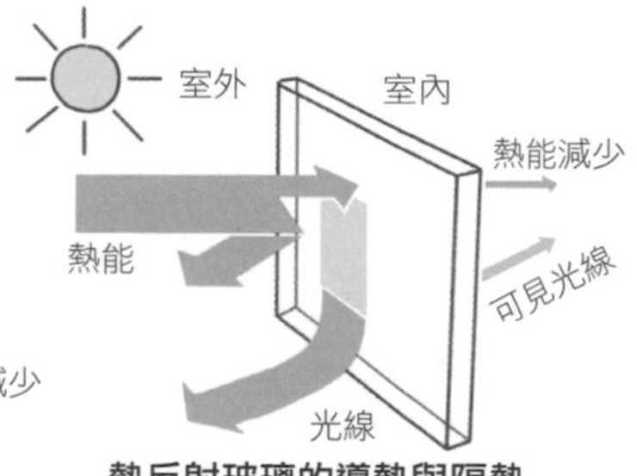

熱反射玻璃的導熱與隔熱

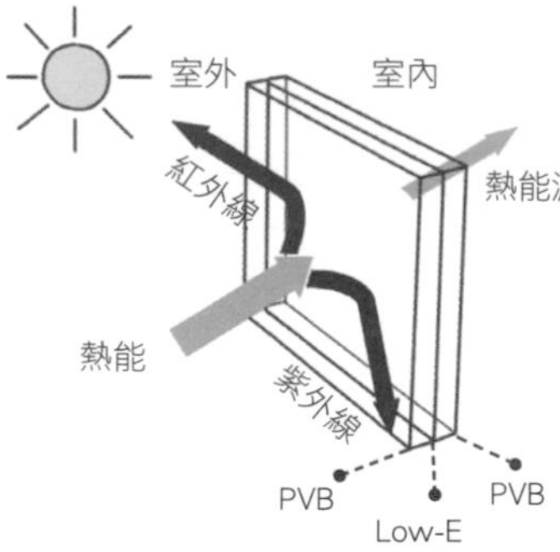

LOW-E玻璃的導熱與隔熱

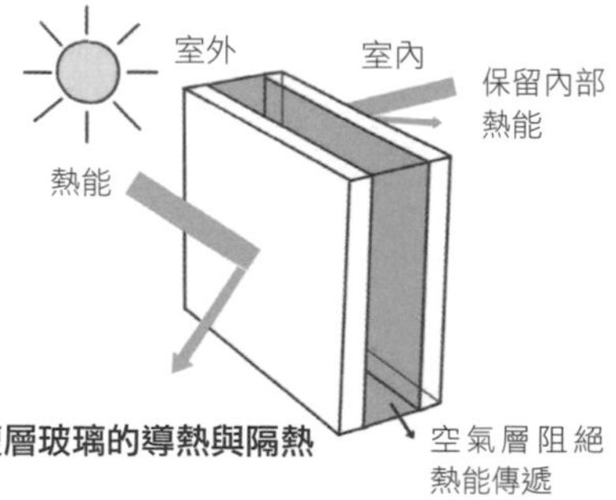

複層玻璃的導熱與隔熱

Questions 178 為何石子鋪面用久了，小石頭會蹦出來？

通常是混凝土層的水泥比例不對、或是石子位於容易被碰落的轉角處，使得石子的附著力不足。

一般可歸於以下原因：

1 混凝土層不夠緊密：若混凝土層不夠緊密，對石子的抓力就會不足。以磨石子來說，混凝土層要含70%以上的水泥，做出來的硬度夠。

2 石子的形狀或尺寸不對：石子大致可分圓角與銳角。磨石子若使用較圓的石子，很容易因為角度關係，讓內嵌於混凝土層的部分不夠多，或成為上寬下窄、表面被混凝土層的圍束力不足，就很容易脫落。大顆的石子，也容易因為與混凝土層之間的縫隙日久變寬而鬆脫。抿石子也怕用的顆粒過小或太大。過於細小的石子在抿洗階段很容易脫落。石子過大，則會因為一顆顆突出的石子之間縫隙變寬了，附著力跟著降低。

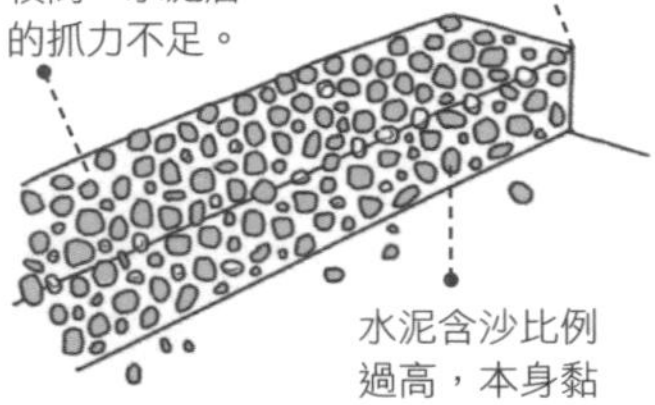
轉角處常被外力推動。
石子外露比例較高，水泥層的抓力不足。
水泥含沙比例過高，本身黏力不足。

3 位於轉角處，抓力弱：抿石子鋪面位於轉角處的石子，最容易被人碰到。再加上角度關係，兩側減少混凝土層的抓力，而易掉落。

要避免以上情形，可以從改善水泥品質、加上網材抓住石子等方式著手。

Questions 179 庭院裡的道路用哪種鋪面比較符合生態環保？

可利用植草磚、透水磚或碎石、草地等，較符合生態環保。

台灣最常見的鋪面為瀝青與水泥。但前者經過日曬，鋪面易變軟黏，且吸受日光熱能而提高地表溫度。後者則易反射陽光而在驕陽之下顯得刺眼、遇雨積水易滑、日久長青苔。其它還有透水性較佳的材質，如尺二磚、透水磚、植草磚與碎石，較符合生態環保。以下僅針對這幾項常見庭院鋪面材質做簡介。

1 瀝青：價格低廉、施工快速、無需養護。瀝青具防水效果，雨天不會打滑，可作為不透水的鋪面。但缺點是日曬過後，鋪面容易變軟黏，黑色瀝青容易吸熱（可改彩色瀝青或混入其他材質以改善）。而不透氣、不透水的特性，長年會容易傷害土壤。

2水泥：價格低廉、施工快速、無須太多養護，但較容易損壞，建議要留縫避免熱漲冷縮，而導致鋪面龜裂，下雨時容易打滑。水泥和瀝青相同，長期不透氣和不透水，容易傷害土壤。

3天然石片（不含大理石）：天然石片的硬度高、耐久、色澤豐富。但建材成本較高，日久容易鬆動，下雨容易打滑。

4尺二磚：尺二磚具有耐磨隔熱的特性，其吸水率較高，若長期積水受潮，容易長青苔，需時常清理。

5透水磚：多以回收碎料製成，其透水性高，普通產品的透水力約莫一年後就消失。材質較鬆脆，容易斷裂，較無法承受重大壓力

6植草磚：施工容易，無須太多養護。耐久性高，汽車壓輾也沒問題。可於上方植草，防止泥水外濺，同時兼顧綠化與停車的機能。不過間隙易卡住鞋跟，時日一久磚體可能會有斷裂、鋪面下陷的疑慮。

7碎石：造價便宜、施工容易、排水性佳。但缺點是平整度差，間隙易卡住細鞋跟。

8草地：綠化美觀，有助於維持小環境的溫度。但草皮不耐壓、養護不易，需時常照顧。

Questions 180

聽説室內的自來水管分有PVC管與保溫鐵管兩種，哪種比較耐久？

保溫鐵管較PVC管耐久，由於PVC管不耐高溫，因此較適合使用在一般的冷水管。而衛浴或廚房會使用到熱水，建議用鐵管較佳。

給水管，分冷、熱兩種管路。台灣目前住家的自來水給水管多為PVC塑膠管。理論上，PVC塑膠水管耐用年限應為50年以上。但由於PVC塑膠不耐高溫，熱水溫度超過70℃就可能導致水管軟化、縮短使用壽命，甚至在40℃左右就會釋出化學物質。因此，建議管線每20年應更新。基於以上理由，浴室或廚房用的熱水最好使用金屬管。

傳統的金屬水管為鍍鋅鋼管或鐵管，耐用年限都高於塑膠管。不過，這兩種金屬管都容易因為長年的溫差而導致鏽蝕，再加上考慮到熱水在傳輸過程中會流失熱量，這幾年興起的保溫水管能確保出水端的熱水溫度。保溫水管的構造為水管外層再包覆保溫層，保溫層多為耐燃的PU發泡材質；水管則有塑膠、不鏽鋼兩種。最好選擇以304不鏽鋼製成的保溫管，能長時間承受70℃高溫的熱水，耐酸鹼性也佳，可避免管壁腐蝕的問題。

Questions 181

瓦斯、電能、太陽能這三種熱水器，選用哪種最划算？

瓦斯為最普遍的熱水器，花費最低。太陽能熱水器則是依靠日光發熱，無陽光時需要輔助的發熱系統，其裝設費用動輒上萬元。而電能熱水器易耗電，所要繳的能源費用是其中最高的。

1瓦斯：是台灣目前最普偏的熱水器熱能來源，天然瓦斯和桶裝瓦斯之分。瓦斯比電力環保，價格也較低。相同的熱水用量，瓦斯熱水器的花費約為電熱水器的3/4。人口少、熱水用量不高的家庭使用桶裝瓦斯的熱水器，最省燃料費。

2電熱水器：最大好處是用多少熱水，耗費多少能源。但水溫沒有瓦斯熱水器的來得高，加熱到40～50℃的高溫得等待數分鐘。傳統的電熱棒加熱機種，水溫容易下降；儲熱式電熱水器雖可靠儲水保溫桶來改善這項缺點，但熱水器體積也會因此變大。電熱水器的加熱棒十分耗電，會大幅增加家庭用電的度數。因此，電熱水器在所有熱水器類型裡，能源的使用費最高昂、也最不環保。還有，電熱水器的加熱棒會因為水垢的關係，每三年左右就要更新，每根單價約NT.2,000元。

3太陽能熱水器：是指在屋頂裝設太陽能集熱板，然後將熱能轉至儲水桶來加熱家庭用水，基本上無需用電或瓦斯。但在無陽光的日子，太陽能熱水器就需搭配輔助加熱系統，利用電力或瓦斯來供應熱水。因此，太陽能熱水器較適用於日照天數多的中南部地區。

由於安裝太陽能熱水系統的設備費用動輒數萬至十幾萬。目前，政府不接受申請補助，改委託財團法人成大研究發展基金會承辦太陽能熱水系統的推廣與補助獎勵事宜。

4熱泵熱水器：也是訴求環保、節能的設備。熱泵熱水器的原理是，機器吸取空氣的熱能，儲存到保溫桶之後，使用時再以些微電力將冷水轉換成熱水。電力僅需太陽能熱水器用電力輔助加熱時的一半，用電量是一般電熱水器的1/3至1/4，日常電費約等於瓦斯熱水器的一半。

由於熱泵儲水的保溫桶大，較適合成員較多的大家庭或旅館、民宿等商業用途。但缺點是，加熱速度會因低溫而變得更慢。以加熱速度最快的 1.25kw 機種為例，倘若是寒流來襲時的 7℃，要製造出可以洗澡的熱水，可能得耗上七、八個小時。

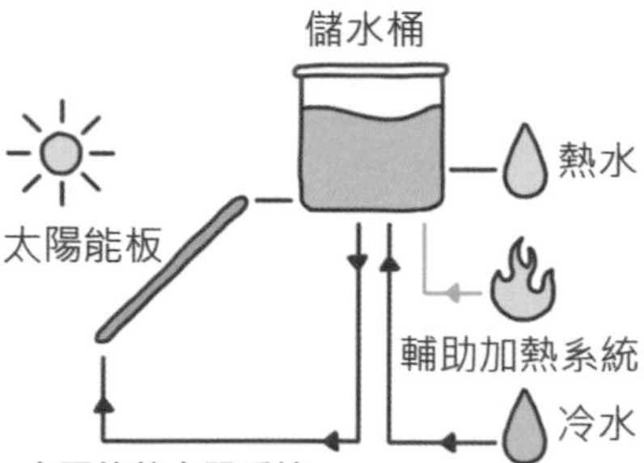

太陽能熱水器系統

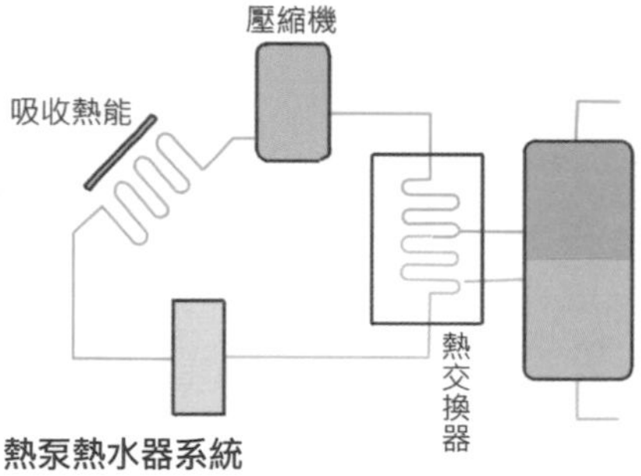

熱泵熱水器系統

熱水機種類比一比

類型	建置成本	日常耗能成本	其他
瓦斯熱水器	一般機種 NT.6,000 元起跳，恆溫式機種 NT.2 ～ 3 萬元。	1 天然瓦斯一度約 NT.20 ～ 25 元。 2 桶裝瓦斯 20 公升約 NT.1,000 元，每人每年 1 ～ 2 桶。	1 瓦斯耗能高於用電，但瓦斯在台灣價位較低，故日常成本低於用電。 2 要安裝在通風處，否則會有一氧化碳中毒之虞。
電熱水器	即熱式電熱水器 NT.5,000 元起跳，儲熱式電熱水器 NT.1 ～ 1.5 萬元	60 公升 20℃冷水升溫至 50℃，約花費 2 ～ 3 度用電。冬季洗澡，每次用電量約 3 ～ 4 度。	在冬季須等待水溫升高，需搭配 220 伏特插座。
太陽能熱水系統	整套約 NT.10 萬元（可申請補助）。	理論上為無花費，但實際上仍需加裝輔助加熱系統。	儲水桶大小視需求量來選購。
熱泵熱水系統	一體式機種，約 NT.4 ～ 10 萬元。	每天平均用電 1 度（約 NT.3 元）。	1 加熱速度分 1.25kw 與 0.7kw 兩種。 2 保溫桶有 300 或 500 公升兩種，視自家需求量選購。 3 可結合太陽能和空調系統。

Questions 182

地暖設備有哪幾類產品可選？它們適合哪種材質的地板？

較普遍的為水暖式和電暖式地暖，可適用於大理石、磁磚、木地板等，但像是塑膠地板較不耐熱，則不建議使用在塑膠地板下。

地暖的原理就是在地板埋設熱源，藉由熱氣自然上升，緩慢卻穩定提高室溫。因此，地暖不會像火爐、暖爐會消耗室內氧氣，並讓房間乾燥到得放個增濕器來調整濕度。

較普遍的有水暖式和電暖式地熱，以下介紹其特性：

1 水暖式：利用不斷加熱的熱水，在管線內循環於來提高室溫。成本高，較適合多戶共用。水暖式地暖的缺點在於，容易出現水管漏水或出現水垢而堵塞，不易找出受損區域，且須有戶外空間來設置大型鍋爐。

2 電暖式：在地板下鋪設電纜，利用電阻發熱的原理來提高室溫。電纜多為銅鎳鉻合金的電阻線，外裹鐵弗龍、矽膠或 PVC 等材質來避免漏電，施工和維修皆方便。近來，發展出電熱膜來發熱，電熱膜是片狀的熱源，暖房較快。但電熱膜最怕被壓壞，且超過60℃也會釋出氯乙烯分子、塑化劑等成分。

不管水暖或電暖式地暖系統，幾乎都適用大部分的地坪鋪面，木地板、磁磚、大理石等等。但不宜搭配塑膠地板，因為塑料受熱後很容易變質。

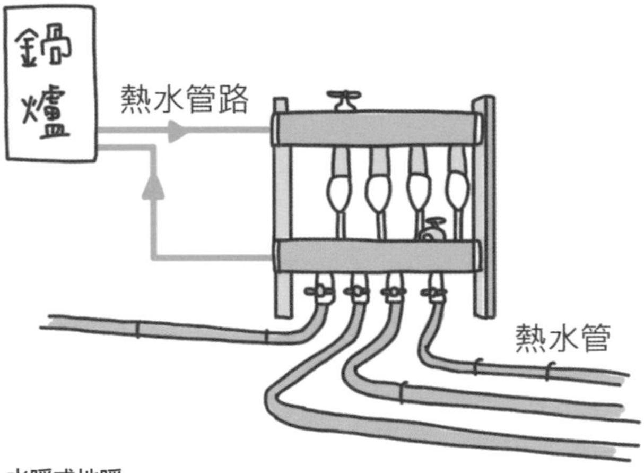

水暖式地暖

Questions 183

全熱交換器有什麼功能呢？

簡單地說，全熱交換器其實也就是帶有熱能交換機制的強制換氣機。通常需與冷氣合併使用，有效排除室內髒污空氣，也能節省空調電費。

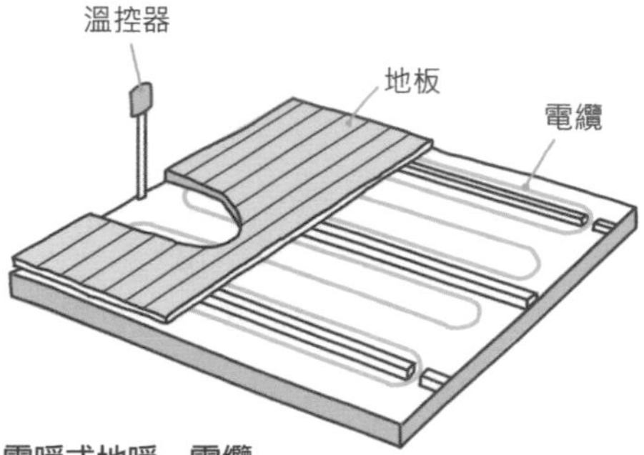

電暖式地暖__電纜

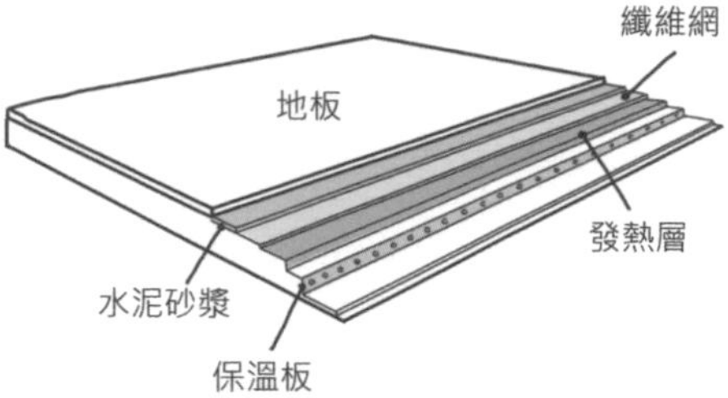

電暖式地暖__電熱膜

由於全熱交換器會同時抽引室內外兩方的空氣，在空氣交換的同時，也透過主機裡的介質進行熱能的交換，讓室溫可維持一定溫度，同時也具有調整濕度、過濾病毒與其他雜質的功能，24小時提供室內品質穩定的新鮮空氣。全熱交換器可設定風速與溫濕度，若能搭配室內空調系統運作，可獲得加乘效果並減少空調的電費。

全熱交換器的安裝條件與強制換氣機類似，除需在外牆開口插入風管之外，室內的天花也應預留主機與管線、出風口的位置。安裝的機種也應視空間與使用人數而定。小型的全熱交換系統，單機約NT. 3萬元，安裝費用約NT. 2~3萬。

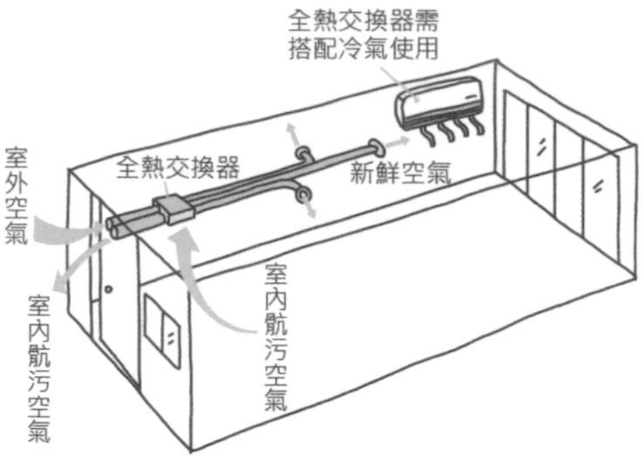

全熱交換機的換氣機制

Questions 184

抽風機、多功能暖風機、強制換氣機這三種設備有什麼不同？

抽風機（換氣扇）與多功能暖風機多見於衛浴空間或某個房間；強制換氣機則通常是針對全戶或客廳之類面積較大的空間。

1 抽風機：主要是靠馬達與風扇將室內空氣抽排到戶外，通常為單向排氣。安裝簡便，無需裝置風管，只要牆壁有孔洞可埋設。通常裝設在衛浴空間或無外窗的房間。為求排出濕氣的效果，抽風機最好裝在較潮濕的濕區。扇葉的設計影響排風效果，馬達則關係耗電量與噪音；選購有防塵裝置者可防止蚊蟲被吸入或透過孔隙飛入室內。價位從NT.500～3,000元不等。

2 多功能暖風機：多功能暖風機比抽風機多了冷暖氣與除濕的功能。若為單一排氣孔，通常會設在乾區；若可分成兩個出口，會更適合大坪數、乾濕分離的衛浴間。有些產品還有定時機制，便於在寒冬時預先暖房或把衛浴間當作乾衣房。價格為NT.1萬多元起跳。

3 強制換氣機：強制換氣機；是將戶外空氣抽入室內，讓室內在不開窗的狀況下也能有新鮮空氣。強制換氣機從室外抽取空氣灌入室內時，也一併過濾掉汽機車廢氣與灰塵。選購時，應考慮使用空間的坪數與使用人數的換氣量，才能達到最舒適又有效率的換氣目標。通常價位約NT.1萬多元起跳。

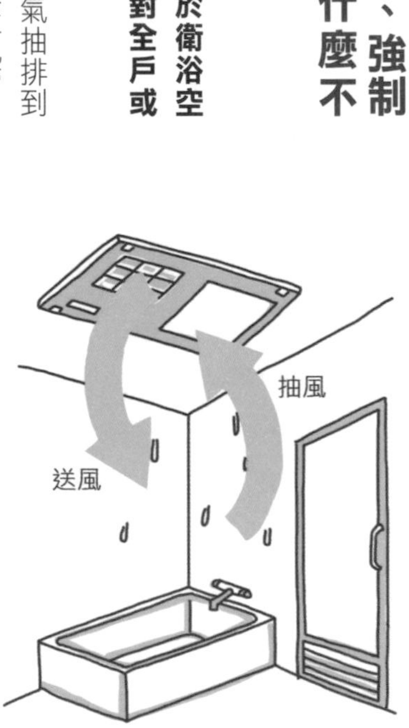

多功能暖風機

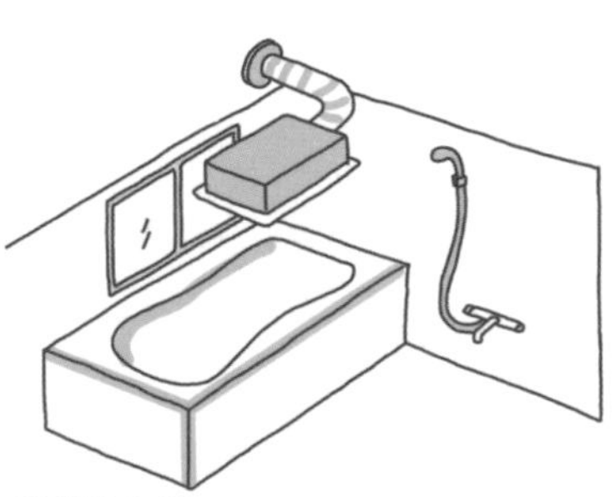
強制換氣機

Questions 185

獨門獨院的住宅，裝設警衛保全系統有哪些注意事項？

獨門獨戶，最注重隱私，也最怕宵小或強盜闖入。通常可請保全公司裝設防盜系統，或自行DIY安裝警示設備。

請保全公司設置保全防盜系統，都須簽訂契約，合作期限通常以兩年為一單位。合作的方式可分成兩種：一種是買斷保全設備並定期繳納費用，保全公司提供24小時巡邏服務；若有異常狀況，保全人員會立即趕赴現場並同時通報警方與屋主。服務內容通常還涵蓋到防火、防災的範圍。另一種則是租借設備，同樣也需定期繳費，保全人員是現場有狀況時才會趕來查看。

若經費有限，也可以DIY防盜監視系統。目前市面上這類產品頗多，功能主要在於監視與警示。前者有監視器、攝影機，後者主要有門窗感應器。有些產品可設定連結至硬碟、網路或電話、手機，可留下影像紀錄或發出警告聲響，甚至自動撥號給屋主或警察局。建議裝設時應該視建物內外各區空間的條件，依照可能發生的弱點來安裝最適合的設備。

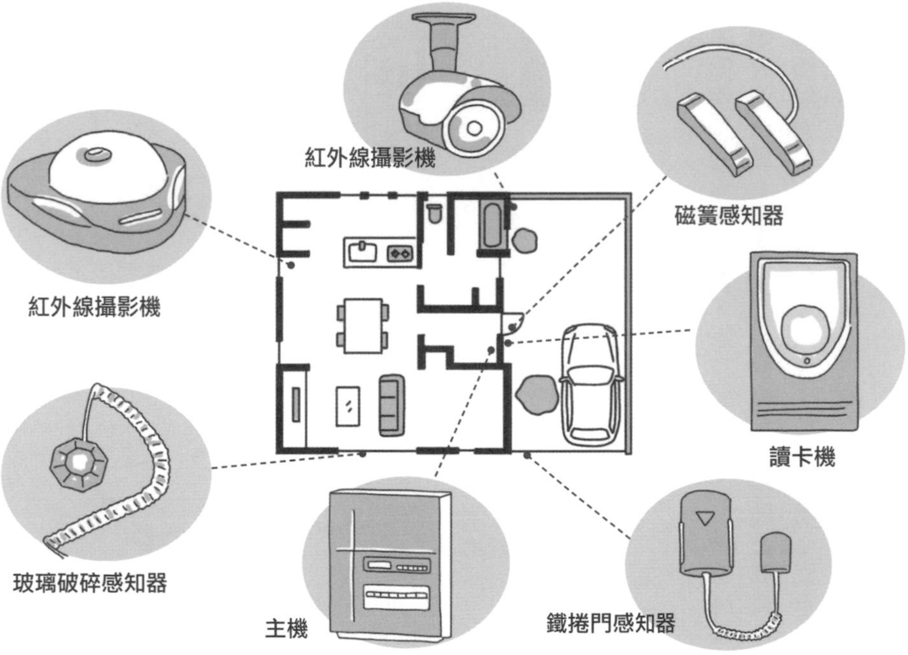

Questions 186

我想蓋小木屋，廠商跟我推薦整體式衛浴，不知這設備跟一般的衛浴間有何差別？

整體衛浴，也就是從底盤（地板）、壁板、天花板、冷熱水管與各種配件皆為成套的組合浴室。所有構件都在工廠完成，在現場以乾式工法組裝，因此施工快速。

傳統的衛浴間採濕式施工，從泥作、水電到油漆等工種，工期通常要一週以上。而整體衛浴在一天內即可組妥，並連好各項管線。由於板材之間加上防水填縫，防水性、保溫性都比傳統浴室來得好。

此外，整體衛浴由於與建築物的結構體、管線各自獨立，便於日後的局部維修或更新；且內部已有洩水坡等防水設計，由工廠出品壁板品質均一且不易因地震而出現裂縫。相較下，傳統浴室的變數較多。

因此，對於怕潮濕、容易因水氣而腐朽的木屋來說，整體衛浴比較不會有漏水之虞。每個品牌的整體浴室，造型、尺寸與配件豐寡不一；材質多為輕質的材料，有PE塑膠、FRP玻璃纖維、SMC塑鋼等輕質材料。不過，整體衛浴的地板下方為各式管線的位置，有多處中空，踩踏時易發出聲響。

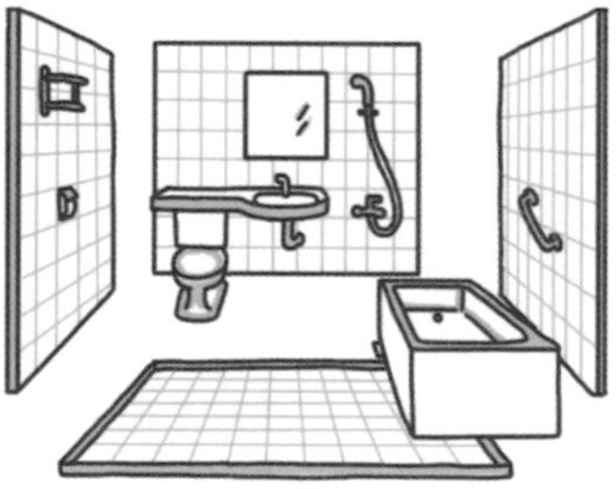

整體衛浴分解圖

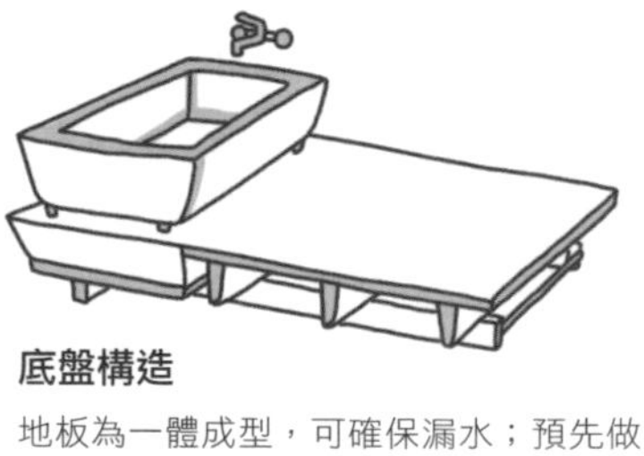

底盤構造

地板為一體成型，可確保漏水；預先做出洩水坡與止水溝可確保防水。

Questions 187

檯面下的淨水設備過濾出來的水，真的能喝嗎？

不同廠牌的淨水設備，訴求重點不同。過濾原理則大同小異：進水↓初步過濾鐵鏽等較大雜質↓過濾細菌、化學成分等雜質↓改善水質↓出水。影響水質的主因，是濾心的材質與整套過濾系統的設計。

原則上，合格的濾水器在接入自來水之後，過濾出的水即使未煮沸也能大幅降低生菌數，甚至去除了重金屬與雜質。但要注意的是，淨水器的濾心有一定壽命，應定期更換；否則，濾網若滋生細菌，反而會汙染飲水。

常見的濾心材質與功能

濾心材質	主要作用	缺點
陶瓷	過濾掉細菌與雜質。	不可重複清洗循環使用。
活性碳	利用碳的孔隙來吸附異味異色、化學物質與雜質。	1 壽命約為六個月，超過期限易滋生細菌。 2 品質良窳相差甚大。若為再生的活性碳濾心，會釋出重金屬。
中空絲膜（超濾膜）	奈米級孔洞可過濾掉細菌、化學物質和微粒雜質。	無法去除重金屬和三鹵甲烷。
樹脂	利用離子交換來吸附水中的鈣、鎂離子，藉此軟化硬水。	1 可加鹽重複使用。 2 離子交換時會把鈉離子釋放到水中，不利於心臟病或高血壓患者。
RO膜	過濾掉細菌、病毒、三鹵甲烷、化學物質、微生物、礦物質等一切雜質與成分。	壽命約兩年。製造的純水未必對人體健康有益。
紫外線	殺菌	

Questions 188 聽說選擇變頻式家電比較省電，是真的嗎？

一般來說，若不持續開關電器，變頻式家電比定頻式來得省電。

以傳統的冰箱或冷氣機等定頻家電為例，當達到預設的溫度時，馬達就停止運轉；等到冰箱內或房間裡的溫度升高了，馬達才又開始啟動，這樣會使馬達處於高度耗能的巔峰。

而變頻式和一般家電的不同在於，讓壓縮機馬達持續運轉，使得家電不會因開開關關而高度耗能。所以，對於運作時間越久的家電，選用變頻式機種越能確保省電。常見的變頻式家電有冰箱、洗衣機、冷氣機、電風扇。但要注意的是，變頻式家電若使用時間不長或不斷開關，會讓變頻式機種無法有效節能，而無省電的效果。

另外，變頻式家電的缺點，在於馬達運轉不會全速運轉，因此像是需要快速降溫的情況，其效率可能就不如定頻式機種。再加上變頻式家電的單價較高，價差可能高達NT. 1萬元。

Questions 189

選用哪種燈泡比較划算？

現今照明設備以節能省電為需求，因此 LED 燈、T5 燈管和省電燈泡等較受眾多人選購，以下介紹常見的燈泡類型。

節能燈具比一比

類型	燈具	發光原理	發光效率（lm/w）	使用壽命	優缺點
白熾燈泡	鎢絲燈泡	燈泡內為中空或灌入惰性氣體，利用電流通過鎢絲時因電阻產生 2,000 ～ 3,000 ℃的高溫，使鎢絲處於白熱狀態而發光。為擴散性光源。	8 ～ 20（平均為 15）	約 1,000 小時	1 單價低、安裝容易。 2 較耗電。約 80% 電力產出紅外線（熱能），僅 20% 左右用來發出可視光。 3 演色性較差。
白熾燈泡	鹵素燈	燈泡內灌碘或溴等鹵素氣體，利用電流通過時因電阻產生 2,000 ～ 3,000 ℃ 高溫，使鎢絲處於白熱狀態而發光。為聚焦性光源。	12 ～ 25	1,000 ～ 3,000 小時	1 演色性佳。 2 單價高。 3 極耗電。 4 溫度高。
LED	燈泡或燈管	利用電流通過半導體時，將電能轉化為光能。為擴散性光源。	49	10 萬小時以上	1 極省電。 2 冷性發光。 3 燈泡可以做得很小。
日光燈管	一般的日光燈管	藉由電子撞擊燈管裡的水銀蒸氣發出紫外線，再藉由管壁的螢光劑將紫外線轉為可見的白色光。為擴散性光源。	60 ～ 75	約 1 萬小時	1 價格低廉，安裝容易。 2 可單獨更新燈管或安定器。 3 演色性差。 4 會有閃爍的問題。
日光燈管	T5 燈管／CCFL 燈泡	與日光燈管相同，差別在日光燈管的電極為熱電子發射，T5 與 CCFL 則為冷陰極管。為擴散性光源。	70 ～ 110（平均為 90）	2 ～ 3 萬小時	1 極省電。 2 演色性佳。 3 低閃爍。 4 體積較大。 5 可單獨更新燈管或安定器。
日光燈管	省電燈泡	特性和 T5 燈管／CCFL 燈泡相同，為擴散性光源。	40 ～ 70（平均為 60）	約 3,000 小時	1 具有省電功能。但螺旋形、馬蹄形或圓球形會折損發光效率。外覆燈罩或加上玻璃板也會減損亮度。 2 體積小，安裝便利。 3 但燈管緊密結合安定器，熱度會促使整組燈具提早損壞。

※ 發光效率：每瓦電力可製造多少流明的光。

Questions 190

家庭用電的全戶配電開關該如何配置會比較好？

迴路（電路）的組數多寡應視全戶的用電量來選擇，這會影響到配電箱的尺寸。迴路越多，配電箱尺寸就越大。全戶用電量預估與配電箱容量，建議在一開始就規劃。

配電箱是電路進入屋內的第一關。這裡除有全屋電力的總開關，還配置了多組迴路（電路）。每組迴路並設有斷路器；當負荷的電量超過時，斷路器就會自動切斷電路（俗稱跳電），以保護全戶的用電安全。

由於每組迴路能負載的電量有限，若有冷氣、電熱水器或烤箱之類耗電功率較大的設備，應使用專用迴路，以免導致跳電。通常燈具的耗電量較小，如客餐廳與廚房的照明及各式家電可共用一組，全屋各房間的照明可以共用一組。但如果在冬季會使用電暖器的話，最好每個房間設置單獨一組迴路。像是電烤箱最好專用一組。很講究音響的聲音品質者，可幫音響設備設一組專用迴路，以確保電壓平穩。

全戶用電量預估與配電箱容量，在建築一開始規劃時就宜確認。迴路組數的多寡需視用電量來選擇。倘若完工之後才發現配電箱迴路不足以因應實際用量，就得連同管線與電錶一起升級。

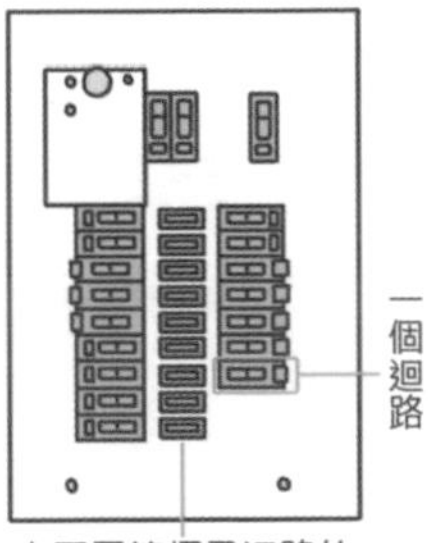
在配電箱標示迴路的用電目標，便於維修

匯排式配電箱

可使用的迴路較多。

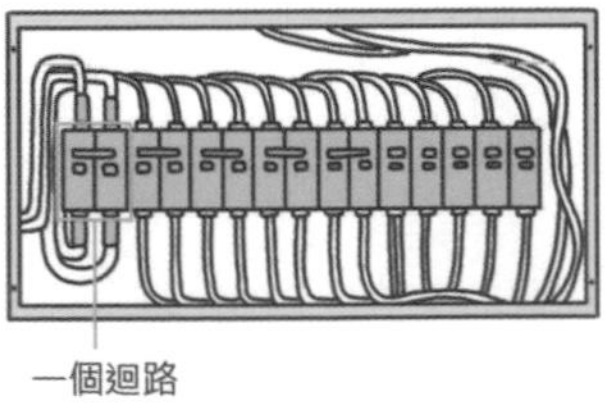

傳統的單相三線式配電箱

能容納的迴路較少。

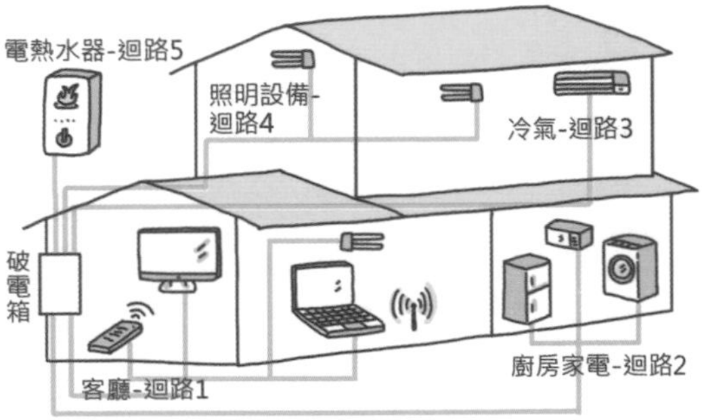

全屋配電簡圖

用電量較大的冷氣、廚房家電、電熱水器最好能獨立一個迴路。

Questions 191

我家自建透天別墅，建築師建議安裝水加壓設備，其用意何在？

雖説自來水廠都有加壓機制，在一般沒有加裝馬達的情況下，自來水可達到四個樓層。但樓層越高，出水就越弱。為避免高層水壓過弱，建議興建透天別墅時，還是裝設加壓設備為佳。

通常，透天厝會在一樓設置揚水馬達，將自來水抽取到屋頂水塔，再供給到各樓層。若住宅坪數較大、居住成員較多，建議用水管線也仿造住宅用電一樣設置分區的迴路，可避免大家同時用水時會出現搶水的狀況。若住宅座落的社區水壓偏低，就得設置加壓馬達來幫自來水增壓。

一般住家選用馬力為1/4～1/2 HP的即可，若使用按摩蓮蓬頭等需要較強水壓的設備，可選用3～5 HP的加壓馬達。加壓馬達不用時最好關閉，比較省電，也可避免夜半運轉的噪音；開關設在室內也比較方便。

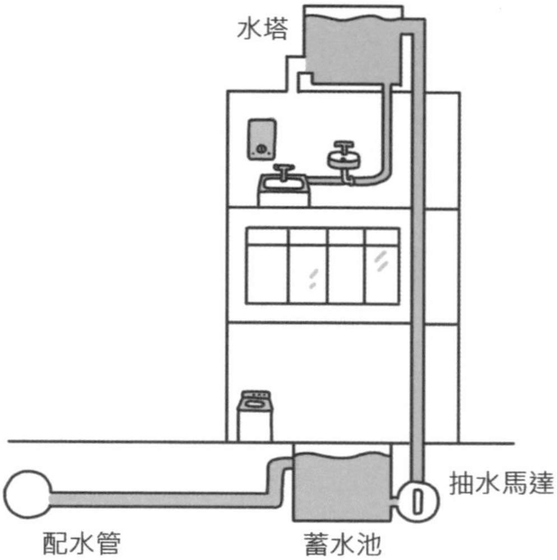

Questions 192

自家安裝太陽能發電板，如何與台電提供的電力混用？甚至可賣電給台電？

若想安裝太陽能發電板賣電給台電，必須全數皆賣，就算是部分電力也無法挪為自家所用。若需供自家發電，則可使用獨立型的太陽能發電系統。

在自家屋頂裝設太陽能板，以最少的6坪來計算，若能接受充分日曬的話，每天約可產生8瓩的電力。用不完的電力可存於蓄電池。這種並沒有與市電的電力系統相聯結，稱為獨立型系統。在電線未能鋪設的偏遠地區，可利用這種方式獲取日常用電。

若要將自家太陽能板生產的電力回售給台電，就得採取與市電系統連接（市電併聯）的系統。當自家電力不足時可由市電供應，用不完的發電量則可賣給電力公司，會以高於家用電的價格來收購。

不過，台灣電力公司只接受全部電力回賣，不可另外接回供給自家使用。依照電業法，此舉動屬於竊電。每月輸給台電多少電，則透過屋主向台電租借的專屬電錶來計算。租借電錶的年租金為NT.200多元。

不過，架設光電板動輒一、二十萬，且現在政府已經不提供補助了。加上光電板的發電量會逐年衰減，20年後會變成原本的九成。所以，想利用太陽能發電賺錢的人，得思考自家屋頂條件、設備的成本與回收等問題。不過，台電保證收購20年，每年的收購價則依告當年公告而定，也提供了一定的保障與福利。

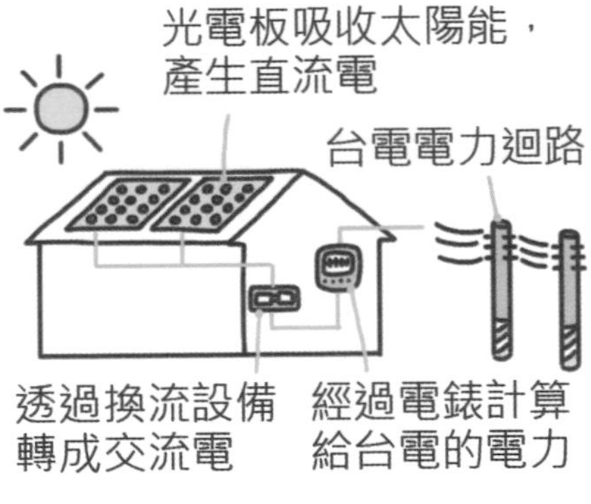
光電板吸收太陽能，
產生直流電
台電電力迴路
透過換流設備
轉成交流電
經過電錶計算
給台電的電力

與市電併聯的太陽光電系統

發電只賣給台電，自家不可使用

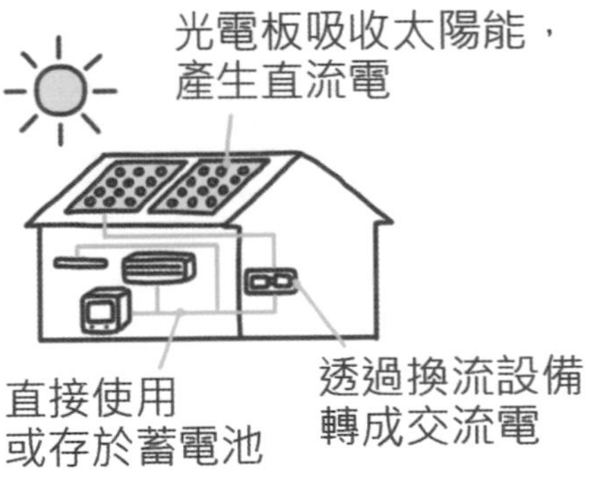
光電板吸收太陽能，
產生直流電
直接使用
或存於蓄電池
透過換流設備
轉成交流電

獨立型太陽光電系統

發電只給自家使用

Questions 193

自家的水塔可以選擇哪些材質？

以一般住家用水來說，可使用水泥磚砌成蓄水塔，或是選購以不鏽鋼、強化塑膠、FRP 玻璃纖維等材質製成的現成品。

水泥磚砌的蓄水塔，裡面會施做防水層，甚至鋪設磁磚。大型水塔的內外應附爬梯，以便清洗。在完美狀態下，防水層的年限為20年。過了年限之後，應該重新鋪設防水層。這種水塔造價較高，理論上比較耐用，蓄水量也高。

相較之下，現成品過幾年會因為材質風化而必須更新，但由於價格低廉、更新容易，故成為台灣一般住家最普遍的水塔類型。選購時，塑膠材質者要避免不耐酸鹼的；不鏽鋼材質較耐用，但即使是304不鏽鋼，上方的蓋子也會因為長年被含氯的自來水蒸潤而生鏽。臥式的水塔會比立式的穩固些。容量則從500公升到50噸皆有。

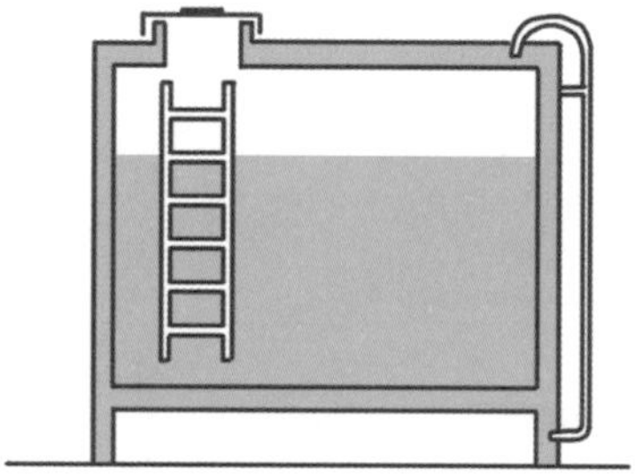

頂樓獨立水塔

耐用度高，防水層達 20 年之久

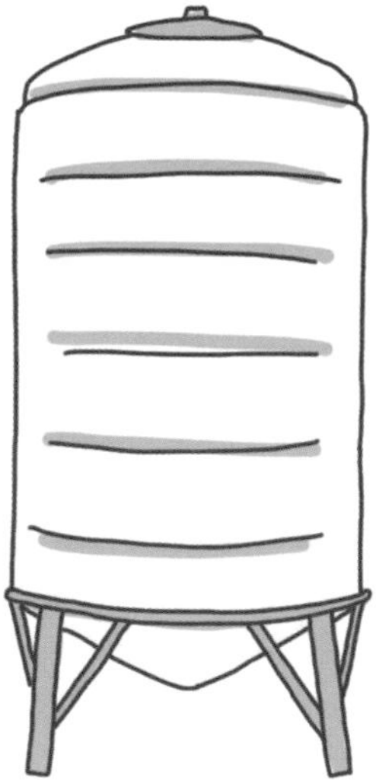

頂樓不鏽鋼水塔_直立

304 不鏽鋼材質較耐用

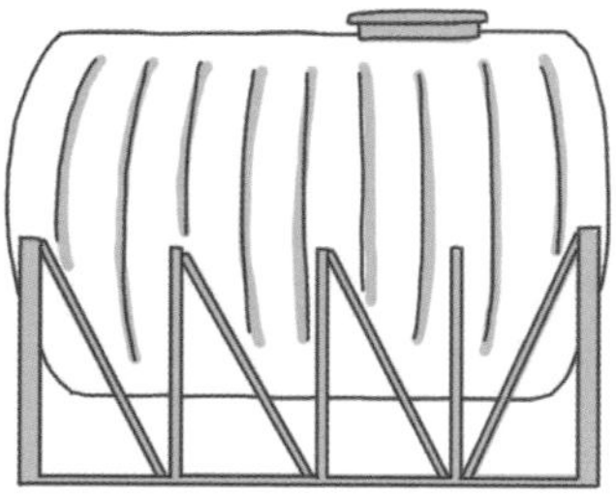

頂樓不鏽鋼水塔_臥式

Questions 194

我想更新浴缸，不知嵌入式浴缸、獨立式浴缸與按摩浴缸哪種比較好？

嵌入式浴缸的產品多樣，能適應各種條件的浴室，價格較平價實惠。獨立浴缸的外型搶眼，光是擺放在浴室就自成風格，但尺寸較大，較適合大坪數的浴室。按摩浴缸著重在功能性，但選購時要注意安全性。

1 嵌入式浴缸：是目前台灣衛浴設備市場的主流。現成品有的側邊附「牆」，有的沒「牆」。附「牆」的浴缸只要靠牆固定之後就可使用；沒「牆」的浴缸在安裝時得砌磚牆將之固定。無論哪種材質的浴缸，地磚也要做好防水並拉出洩水坡，以免水管漏水卻無法排到排水孔。若可以的話，浴缸嵌入牆面時，整個缸底空間全部填入水泥砂漿，以免踩破缸底。

嵌入式浴缸的產品型式繁多，能適應各種條件的浴室，且可用數千元就買到不錯的產品。但缺點是，若遇到漏水問題，維修和檢修就很麻煩。

有的室內設計師會捨棄現成品，改請泥作師傅在現場製作日式浴池，可因應空間的條件與風格，但水泥材質免不了白華、裂縫的問題，造價也高；且這樣的浴缸不保溫，冬天熱水很快就變冷了。

2 獨立浴缸：帶有四隻腳的法式浴缸，或是整個缸體底部置於地面的現代浴缸，都算是獨立浴缸。獨立浴缸雖無需固定在牆面，但實際上仍會因為進出水的管線銜接，擺放位置需配和管路。獨立式浴缸因為尺寸較大，需要有空間完整呈現造型與清潔，較適合大坪數的浴室。

3 按摩浴缸：加入電動按摩系統的浴缸。缸內看得見噴射出水孔，浴缸後面則隱藏馬達、控制盒與各式管線。選購時要注意功能與安全性。此類浴缸的尺寸偏大，不適合小坪數浴室。此外，缸體側面也須留出約50公分見方的維修孔，以便馬達故障時能夠檢修。

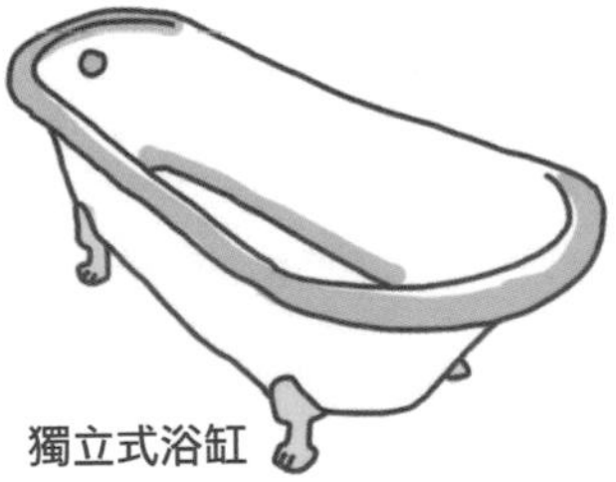

獨立式浴缸

造型最多變。圖為帶有四隻腳的法式復古浴缸。

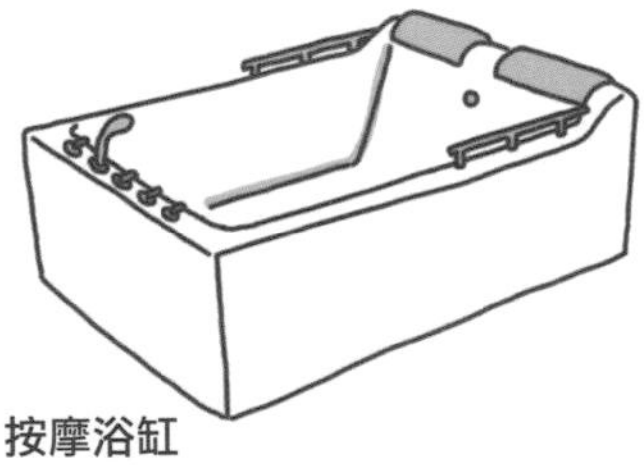

按摩浴缸

按摩浴缸讓你在家輕鬆做 SPA，但要注意水電管線的安裝。

Step 9

瞭解施工工法&掌握監工重點，不怕被工班呼嚨。

Point1 瞭解施工工法

Point2 監工的注意事項

這裡做錯了，
拜託你修改一下吧
這樣施工沒問題嗎？

Questions 195

鋼筋混凝土房屋的施工流程為何？

鋼筋混凝土房屋的施工流程主要如下：

STEP 1 基樁或地質改良&基礎工程

STEP 2 結構體工程

STEP 3 外牆門窗安裝&防水工程

STEP 4 內外牆裝修工程

STEP 5 銜接管線工程

STEP 6 造景工程

STEP 7 室內裝修工程

STEP 8 建築體完工

Questions 196 樓板灌漿之後要多久才可以在上面接著施工、甚至是拆模？

混凝土澆置後的拆模時間，會依使用的水泥種類、有無摻料、養護條件、構件部位、結構設計強度要求等等會有所不同。

樓板澆置完成，混凝土硬固後，其下方的模板支撐可承載人員及材料的重量，理論上立即可在上面接著施工，而實際上通常會濕置養護一段時間，再繼續上部的施工。

一般自地自建住宅的拆模時間如以下參考

構件	拆模時間
柱、樑、牆等之不做支撐側模	至少12小時後
樑底模	跨度小於6公尺者，14天 跨度大於6公尺者，21天
樓板（單向板）	跨度小於6公尺者，7天 跨度大於6公尺者，10天
樓板（雙向板）	跨度小於5公尺者，10天 跨度大於5公尺者，14天

Questions 197 鋼筋箍得越密越好嗎？

依照結構體的各部位而定，箍得太密反而會使得混凝土澆置困難，而可能產生蜂窩現象。

鋼筋混凝土結構乃是運用混凝土良好的抗壓能力，以及鋼筋的抗拉能力，結合兩者來承受建築物的載重。而箍筋則具有圍束的功能，好比用橡皮圈把筷子綁在一起。所以在柱樑受力較大的部位，例如樑的兩端靠近柱子，或是柱頭與樑的相接處，箍筋都會配置得比較密。結構圖說裡面會註明各樑柱的箍筋規格、間距，因此按圖施工即可。

RC結構鋼筋和混凝土各有適當的比例，並不是越密越好，綁得太密造成混凝土澆置困難，產生蜂窩更糟糕。

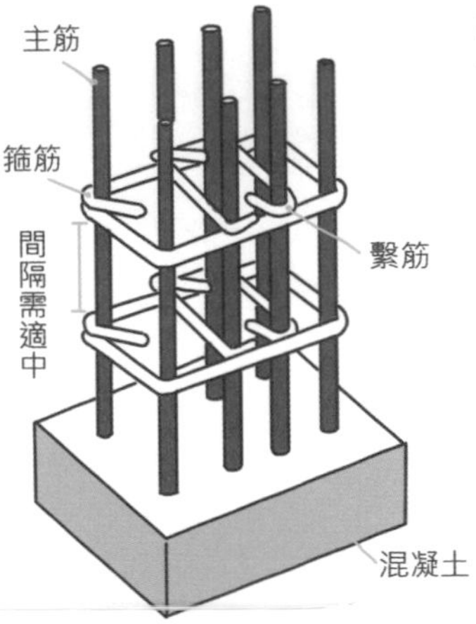

箍筋的配置會依照各結構的受力而有所不同。

Questions 198

木構造房屋的施工步驟為何？

以2X4工法的木屋為例，施工工程步驟如下：

STEP 1 原始地基工程

STEP 2 基礎放樣工程

STEP 3 基礎開挖灌漿工程

STEP 4 地樑綁筋工程

STEP 5 地樑定模板、地樑灌漿工程

STEP 6 鋼構入場、鋼承板及檔板安裝工程

STEP 7 點焊網鋪設水電預埋管線工程

STEP 8 一樓地板鋪水泥、灌漿工程、水平放樣工程

STEP 9 底檻工程

STEP 10 結構體工程

STEP 11 外牆 OSB 板工程

STEP 12 屋頂結構工程

STEP 13 地板防潮布與地板結構工程

STEP 14 上樑工程

STEP 15 屋頂板與隔熱板工程、屋瓦鋪設工程

STEP 16 內壁完工

STEP 17 泥作工程

STEP 18 油漆工程

STEP 19 廚房衛浴安裝工程

STEP 20 完工！

Questions 199 鋼筋混凝土的結構體裡使用保麗龍及沙拉油桶，是不是偷工減料，這樣整體結構會有問題嗎？

在柱體裡使用保麗龍或沙拉油桶，這是為了做出造型的裝飾柱，通常這些柱體都非負責承重的主結構，因此並不是偷工減料，對整體結構並沒有危害。

實際上為了設計假樑、裝飾柱或中空柱等造型需要，會呈現較大體積的量體，若全部以混凝土製作，整體建築的重量會太重，因此內部會使用沙拉油桶，以減輕建築物的重量。這些柱體是作為隔間、造型用途的「非主要結構」，並非承重、抗震的主要結構。因此和偷工減料沒關係，對整體建築並沒有危害。

要注意的是，混凝土裡的鋼筋需要適當的保護層厚度以避免氧化，為了減重而填充額外材料，必須確保鋼筋有足夠的保護層。

Questions 200 灌漿前工地的注意重點有哪些？

灌漿前應確認工地是否有雜物、鋼筋配置是否正確、以及確實做好管線測試和坍度試驗。

1 在灌漿前檢視工地有無雜物：先確定灌漿的位置是否有工人丟棄的垃圾。有些工班規矩不佳，隨便扔棄垃圾。若這些垃圾被埋入混凝土內，就會形成空洞、降低結構強度。重點巡視位置為樑柱鋼筋內，再來就是其他預計要灌漿之處。

2 鋼筋的配置是否正確：鋼筋數量和位置需和施工圖所示相同，確定沒有偷工減料。箍筋與綁紮要確實，預留搭接的鋼筋也要正確。由於灌入的混凝土重達幾千公斤，因此，也要確認模板是否牢固、外側的支撐柱是否撐住板模，避免出現崩模的情況。還有，鋼筋與板模之間需有足夠的混凝土保護層。若保護層的間隔不足，就要用小塊混凝土來幫忙隔開。不然，板模或鋼筋很可能會被灌入的混凝土擠歪，這也會影響結構強度。

3 管線確認：在灌漿前也應確認管線的位置、口徑規格，並完成試水。若灌漿後發生問題，就必須大費周章敲開混凝土層做二次施工。

4 坍度測試是否確實：預拌混凝土在灌漿之前要先進行坍度測試，每一個混凝土車都必須製作一個樣本在現場測試。預拌混凝土的分量需準備足夠。若備料不足導致中途灌水或停工，會導致礫料分離與冷縫的問題。

Questions 201 屋頂防水有幾種工法可選？優缺點各為何？

屋頂防水工程可以採用水泥砂漿工法、瀝青防水工法、塗膜工法、薄片防水等等。

不同的屋面現況，適合不同的防水工法。台灣較常見的屋頂防水工法，約有以下幾類。

1 瀝青防水：使用人造瀝青材料來做防水層，即一般稱呼的油毛氈類工法。

2 薄片防水：使用合成橡膠、合成塑膠等薄片材料，以底油、黏著劑裱貼形成防水層的工法。

3 塗膜防水：使用一劑型或二劑型液態的防水材料，塗抹並裱貼合成纖維不織布等補強抗張力。

4 水泥防水：水泥砂漿摻入防水劑，或將水泥混合高分子聚合物，透過材料的化學作用來改善水泥漿體的物理性，達到防水功能。

其它尚有水密性混凝土、填縫劑、止水帶等作法。防水的工法、材料不斷推陳出新，很難一一比較優缺點。選擇時，須由建築師或專業廠商，依個別案例的屋頂形式、用途、有無後續施工、基地所在環境等等來綜合評估。

常見的屋頂防水工法比一比

工法	優缺點
瀝青防水（分成熱工法與冷工法）	1 若能精密施工，防水效果甚佳。 2 熱工法在加熱瀝青時要注意防火，並且避免熔解爐的高溫損害樓地板。 3 冷工法更安全、更易施工，但冷作瀝青價格高昂。
薄片防水	1 若防水層破損，不易檢修。若沒處理好薄片之間的接合處，容易導致漏水。
塗膜防水	1 價格上相對低廉，但有的成分容易龜裂，有的則是難以掌握其防水效果。
水泥砂漿	1 防水層至少厚 2 cm以上。 2 分 2 次以上塗刷且每次塗刷厚度越薄，防水效果越佳。

Questions 202 屋主驗收自地自建的房子時，有哪些重要階段要親自到場監工為佳？

建議應在綁鋼筋、配置水管電線時親自到場。由於這些工程一旦做下去之後，事後修補較困難，事先多確認為佳。

1 綁鋼筋：基礎結構很重要。除了要確認鋼筋的號數與品質，更要查看工人是否有按照施工圖面施作。

2 配置水電管線：除了要確認材質規格是否與合約相同，還要注意管線鋪設是否正常，避免牆面或樓板日後出現破損或裂痕。

3 防水工程：整棟建物外牆與室外窗框與屋頂及室內廚房與衛浴等銜接面，必須在泥作打底之後，貼覆表材前就先作好防水層。還有，當樓板或牆面的銜接面是分批完成時，特別容易出現滲水，這些接縫處也必須加強填上防水材料。施作時必須視不同介面來選用不同的防水材料及施工法，絕非一種防水塗料就可塗到底。因此，一棟房屋的防水工程，不僅會需要數種防水材料，也會在不同階段進行施工。

Questions 203 監工混凝土灌漿現場時，要特別注意哪些事項？

灌漿階段可說是攸關混凝土品質的重頭大戲。當預拌混凝土車抵達時，監工會核對送貨單，確認混凝的強度、數量、配比、坍度。照規定，還得在工地現場做坍度實驗。

坍度是指混凝土漿的流動性。坍度數值越高，灌漿越順利。特別是在樑柱鋼筋與箍筋最密集處、管道間、樓梯等處，較不會在死角裡面形成空洞。

進行灌漿時，泵浦車的輸送管不可再額外加水。加水會破壞混凝土的強度及水密性，也是導致礫料分離的元兇。灌漿前一小時，要用水潤濕板模，以免板模吸取過多混凝土的水份，而導致龜裂。

灌漿時，對於牆柱等較高的結構體，不能一下子就灌滿，得分層逐步往上施作。每層高度要控制在45～50公分。每灌漿好一層，工人得在15分鐘以內進行搗築，避免「蜂巢」發生。

混凝土在還沒徹底乾凝前，很容易受到外界影響。灌漿後七天內應隨時灑水養護；並要加上覆蓋以免受到暴雨烈日或其他侵害。

Questions 204

身為外行的屋主，如何確定營造商買的物料品質？

可請廠商出示材料的出廠證明。

首先，合約書必須逐項明載各項建材的廠牌與規格。如果可能的話，最好能附上照片。其中，主要材料也可請營造廠商提出證明。如，原木為何種樹種、等級？鋼筋是否通過檢驗（鋼鐵業輻射偵檢作業合格證明書）確定不含輻射？砂石的氯離子含量檢測數據符合 CNS 規定，混凝土的強度證明等等。當然，由於自地自建住宅屬於小型工程，營建承包商應該是不會編列建材的檢驗費用，但屋主可要求提出現成的相關證明。比如，鋼筋在出廠時就會檢附無輻射污染證明、水泥的出廠時也會提供氯離子含量測試的證明。

此外，也需勤跑工地並隨時拍下施工現場與建材。以下僅列出結構與管線方面的主建材在工地現場查驗的重點，僅供參考。

主要建材的查驗重點

建材名稱	查驗重點
鋼筋	1 為水淬鋼或熱軋鋼 2 是否為加釩鋼筋 3 鋼筋續接器是否為SA等級 4 主要樑柱採用的鋼筋號數以及根數 5 在工地存放時是否有覆蓋防水布
水泥	1 確認水泥是否為知名廠牌 2 磅數（PSI）需和施工圖面相同 3 樑柱、樓板、牆是否使用高流動混凝土（HFC） 4 混凝土的坍度是否適合該區所需的特性
砂	1 是否為海砂？ 2 混凝土中的氯離子量不得超過 0.60kg/m3
出水管	1 確認品牌和材質為 PVC 或鑄鐵 2 管徑大小和厚薄度 3 熱水管宜選用 304 不鏽鋼厚管（管壁 3mm）
排水管與糞管	1 確認管徑大小和厚度
電管	1 確認管徑大小和厚度
瓦斯管與接頭	1 宜選用 304 不鏽鋼管，厚度是薄的（管壁 2mm）還是厚的（3mm）
木料	1 木頭品種和等級

Questions 205 綁鋼筋攸關RC建築強度，我到場監工時候應該注意有哪些地方？

鋼筋混凝土建物的強度夠不夠，除了要看混凝土的磅數是否足，還要看施工時是否有確實照規範來綁紮鋼筋。若鋼筋未綁妥，有多嚴重呢？大家還記得九二一大地震時垮掉不少建築嗎？很多倒下的大樓正是因為施工時箍筋數不足，或是以致於強震引發箍筋的鬆脫與斷裂，使整根柱子失去直向的承載力。

綁鋼筋的工程，細節很多，監工時最好能請建商提供施工圖，拿著影本到現場一一核對。以下僅列出概要。

1 確認箍筋角度和間距：先有個概念，一根根的鋼筋能彼此銜接成強大的結構骨架，一根柱子可能有20根鋼筋，靠箍筋將零散的力量圍束出強度。所以，箍筋必須綁到每根鋼筋，如果沒有綁到外側的鋼筋，或是箍筋的數量不足，或是箍筋的末端沒有確實彎勾住鋼筋，當地震搖晃時，鋼筋散開，柱子的強度就不夠了。通常，柱子的每個箍筋，間距不超過10公分，彎鉤須達135度角且彎勾長度至少超過7公分，才能穩穩地抓住鋼筋。

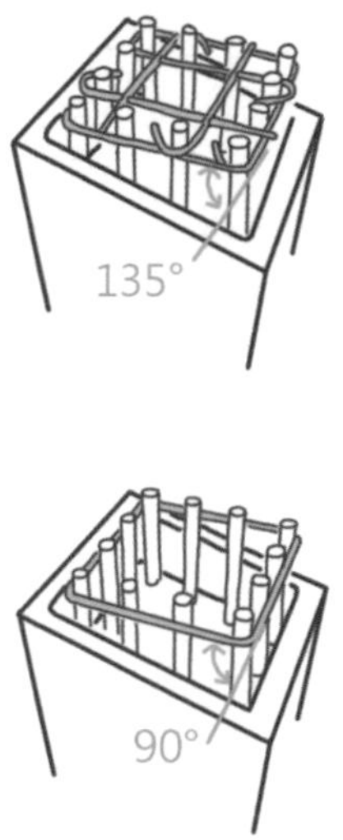

箍筋需做到135度的彎鉤，且間距應適當

2 搭接需交錯：一根根鋼筋往上或橫向銜接時，焊接點應該要彼此錯開。如果鋼筋搭接都在同一高度或同一斷面，當樑柱受到地震的剪扭力時，相同焊接點構成的平面就會變成弱點。所以，在工地看到柱子的鋼筋高高低低的，這是為了要錯位接合。

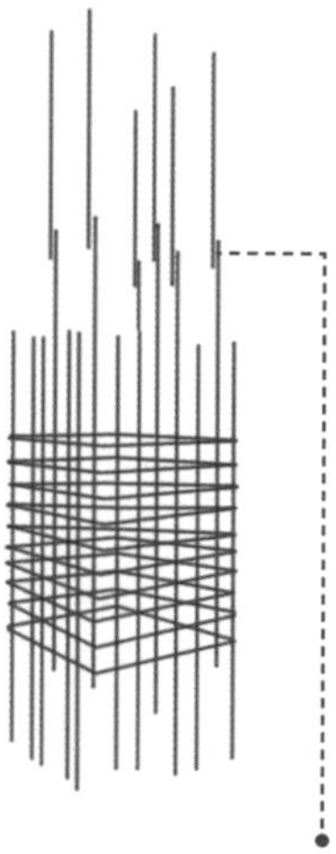
鋼筋的搭接，應該要採錯位的手法，才能避免搭接處位於同一個層面而構成抗震的弱點。

圖片提供＿設計師李育奇

3壁地面轉角處和門窗框外側需加斜向鋼筋：牆壁和地面的轉角，以及門框或窗框的外側是受力較大的區域，應在鋼筋結構網內再加入數根斜向的鋼筋，構成兩層的交叉結構以提高強度，確保門窗在強震時不會被震到裂開。

還有，每根鋼筋是否有加上保護膠圈、綁鋼筋用多少粗的鐵絲、綁鋼筋是否有確實綁紮到一定彎度？間距是否工整、不會太疏鬆？這些細節都會關係到樑柱的強度。而鋼筋剛好就是工地最容易被偷工減料的項目。綁紮數量變少或變得草率，鋼筋數量減少或規格降到小一號的鋼筋，都是常見的偷工減料手法。

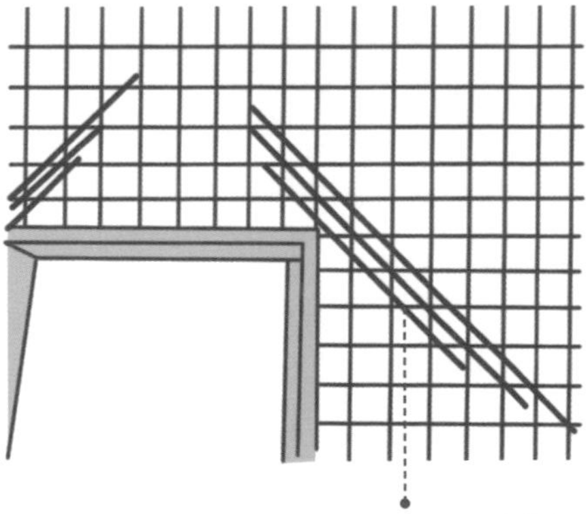

樓板角隅或門窗框轉角，在地震時可能會被外力拉扯，因此要設置斜向鋼筋以加強結構拉力。

4管線應該跟建築結構體分開：有些營造商會將水管、電線等管線埋於樑柱中，這會導致日後難以維修，且會使樑柱的有效面積減少，而減低了結構強度。正規作法應是另外設置管道間。即使是設在一般的牆壁裡面，同時並列的管線也不宜過多。

Questions 206

在開挖地基階段，監工宜注意哪些重點？

要確認地基的深度、土方回填是否確實、鋼筋或板筋的距離必須適中。另外，在施工期間可能會抽地下水，要注意路面是否有不正常的下沉。

不論地基為獨立基礎、聯合基礎或筏式基礎，開挖地基時都有幾點值得注意的共通關鍵。比如，安全圍籬的高度是否達到當地政府規定？基地底下是否含有地下障礙物？是否有照設計挖到預定深度？回填的土方裡面是否夾帶了垃圾？……雖說建地為私有產權，但也可能被人傾倒垃圾開挖時，甚至也會遇到自來水供水管、瓦斯管線、台電電纜等拉過你家土地的情形。

以筏式基礎來說，地基的「大底」會先將承重柱與地樑綁好，其他樑柱、樓板、樓梯撐牆與牆壁則是先插入預留筋，好使這些結構能與地基相連。不過，由於插入預留筋會導致後續的回填工程無法以怪手等機械來施工。有些偷懶的廠商乾脆刻意不插預留筋，等到兩次的地板灌漿好，土方有回填完畢後才補植筋，這樣子會大幅削弱結構強度。此外，筏式基礎的「大底」為雙層鋼筋；上下板筋的距離要適當，避免壓到水電管路。

此外，還應注意房子周遭的排水設施，以及家用廢水的排放。當然，深地基在開挖時也不能造成鄰近建築或馬路下沉。需請監工隨時監測基地地面是否隆起，以及擋土結構、地下水位及水壓等有無異常狀況。

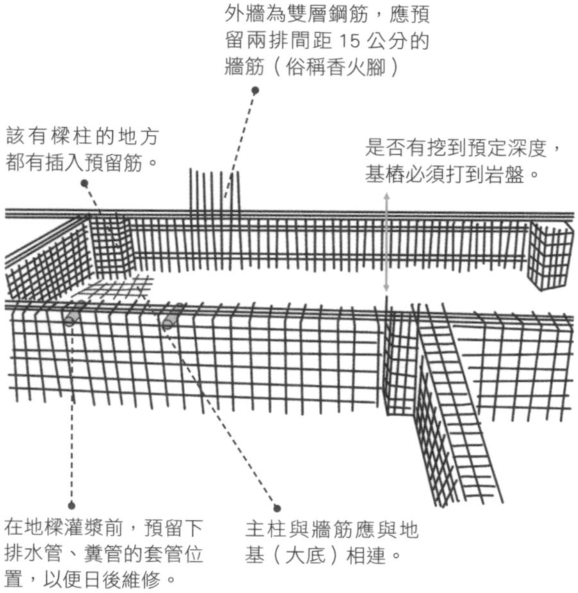
外牆為雙層鋼筋，應預留兩排間距 15 公分的牆筋（俗稱香火腳）
該有樑柱的地方都有插入預留筋。
是否有挖到預定深度，基樁必須打到岩盤。
在地樑灌漿前，預留下排水管、糞管的套管位置，以便日後維修。
主柱與牆筋應與地基（大底）相連。

Questions 207

試水為何很重要？監工時如何做試水？

所謂的試水，主要是測試防水層與出水、排水是否運作正常，有無滲露或堵塞的問題。

在澆置混凝土之前（若為樓房，則要在每一層灌漿之前就試水一次），水電管線已鋪設完成之後，要花一、兩個小時來做封閉式的水壓試驗。依照台灣自來水公司的《自來水管理設工程施工驗收》，自來水管線配管完成後要進行試水（試水壓），將牆壁與樓板的水管都串聯起來。

測試的水壓為平常用水的1.5倍，試驗壓力最大可達每平方公分10公斤。如果水壓降低，就代表管線有滲漏。如此維持1小時，就代表管線沒有漏水、破裂。或嚴格地說，沒有重大的滲漏現象。

微量漏水得用更久時間去測試，最好能親自用手指一一確認每處接頭是否有滲漏。萬一在試水時發現管線漏水，先停水修復，等管線全都確認通過，才能進行灌漿作業。此程序千萬別敷衍，否則，日後發現管路不通，敲除牆壁或樓板尋覓漏水點可是個大工程。按規定，承包商也應在試水階段會同屋主一起驗收，並交給屋主一份留存用的測試紀錄。

至於整棟建物完成後，頂樓鋪設好防水層之後，也須進行試水。主要在測試防水層有沒有漏洞。作法是封住排水孔，將整個頂樓地板灌水至約莫4～5公分高，連續96小時沒有漏水現象為合格。試水OK的防水層等乾燥後才能鋪設磁磚等保護層。

檢驗排水、防水的重點

位置	試水重點
陽台、屋頂	1 洩水坡度順暢。 2 有做泛水、落水頭位置便於集中雨水。 3 排水管無異物堵塞。 4 排水管沒有與污水管合併
浴室	1 洩水坡度順暢。 2 落水頭位置便於集中積水。 3 浴缸周圍與門檻的泛水、排水管無異物堵塞。 4 埋設水管的牆壁不會滲水。 5 門檻有確實做好防水填縫。
廚房	1 排水管無異物堵塞。 2 埋設水管的牆壁不會滲水。
門窗	1 上方有遮雨棚或雨庇或屋簷。 2 窗台有做洩水坡。

Questions 208

我在巡工地時發現水泥牆出現縫隙、蜂窩，但是工頭跟我說不要緊，但真的沒問題嗎？

鋼筋混凝土結構出現縫隙、蜂窩的原因很多。基本上，只要結構體本身沒問題，只是因為混凝土在硬化過程的諸多變因所致，多半無傷大雅。或經過填補、填縫之後就沒問題。

但倘若出現嚴重現象，很可能是因為施工過程過於粗糙，就有品質上的疑慮。以下列出可能出現蜂窩的情形：

1 樑柱中央出現垂直紋路或結構體變形：樑柱的強度不足。有可能是過度偷工減料（混凝土磅數或鋼筋數量不足、綁紮不確實）、過早拆模板或鋼筋，也可能是結構計算錯誤。

2 承重牆與外牆出現X形交叉紋路：建築結構出了嚴重問題。

3 樓梯與地板的交接處或外牆不同樓層銜接處出現一整條細縫：為冷縫。因為灌漿時間相距較久導致新舊混凝土塊體之間出現細縫。不影響結構安全，但要注意是否會擴大變成滲水來源。

4 牆面或樓地板出現細如髮絲的小裂縫，呈對角斜紋或不規則狀：水泥在乾凝過程中乾燥過快而導致收縮，或是因為保護層厚度不足所致。不影響結構安全。

5 牆壁表面或牆體內部存有蜂窩：灌漿時，混凝土的坍度過低而無法流入此角，導致搗實不夠確實，或是板模與鋼筋之間有廢棄的寶特瓶等瓶罐。

Questions 209

如何利用簡單小道具來檢測地面或牆面的平整度？

可使用捲尺測量長度是否正確、彈珠可測試地板的平整度和是否有完成洩水坡度等等。

交屋時檢驗建物主體結構的重點，主要在於地板是否有高低差，牆面是否構平整，樓層立面高度是否正確。檢測當然需要專業知識、技術與工作。但我們也可利用一些日常隨處可見的物品來協助驗收建物的平整度。

DIY測試建物平整度的小道具

道具	功能	使用訣竅
8米捲尺	測量室內立面淨高與牆面長度	1把尺沿著牆腳放在地面量測，或是垂直地貼著牆面，比較不會讓長尺變形。
彈珠	測試地板是否平整以及洩水坡的方向	1輕輕地將彈珠放置於地板上。若會自行滾動，代表地板有斜度。 2廚房、浴室的地板會拉出洩水坡的斜度。洩水坡應指向排水孔的方向，否則會形成積水。
三角板	測試牆體有無歪斜、窗台的水平度	1較大塊的三角板比較好用。 2將直角端至於牆腳地板。若能完全密合，代表牆面與該地板成垂直狀態。
細繩與小型重物	測試建物是否歪斜	1細繩垂吊重物，從屋頂最高處的女兒牆開始，細繩貼齊牆面垂放到一樓牆角，藉由重力來拉出鉛錘線，測試整棟建物是否傾斜。

Questions 210

屋主若想親自監工木屋的建造過程，應該要特別哪些事項？

蓋木屋的流程跟一般的RC、鋼構住宅大同小異，都得先從開挖地基做起。

為了防潮、耐久，目前台灣的木屋多採用RC鋼筋混凝土來打造地基。監工時，可帶著廠商或設計師提供的圖面，到現場比對尺寸、建材規格。以下是營造各階段較需注意的事項。

蓋木屋的各階段監工重點

階段	位置	監工重點	
基礎工程	地基	防水防潮	1基地的地質不可鬆軟。 2地基要鋪設防水布。且要設置通風孔以排溼。 3地基抬高木屋結構40公分以上。 4蓄水池應離化糞池有段距離。
結構工程	樑柱與結構牆	材質	1與混凝土地基交界處的原木應為防腐材質。 2樑柱木料應為防腐材質。 3銜接五金最好選用不鏽鋼。熱浸鍍鋅的五金沒幾年就生鏽、進而促使木頭腐蝕。
外殼	外牆	防火	1北美2×4木構（框組式工法），牆壁表面被覆石膏板或矽酸鈣板等防火材，牆體內填充岩棉。
	外牆、屋頂	防水防潮	1外壁及骨架應採用防腐材。 2屋架要平整、堅固，否則屋面會鋪不平。 3屋頂斜度應能與屋瓦種類配合。 4牆身構造要能防水。 5屋瓦下方要鋪設防水層，才能徹底避免雨露滲入。 6屋頂桁架要堅固、平整，鋪設的屋面才會平整。
	外牆、屋頂	隔熱氣密	1牆壁的縫隙要確實填縫。 2屋頂要鋪設隔熱層。 3牆身構造要能隔熱。 4選用隔熱性較佳的氣密窗，甚至是中空隔熱玻璃。
其它	內裝與門窗	填縫	1窗框填縫最好選用防霉產品。 2水電管線是否有完善保護及固定措施。

Step 10

完工後的驗收&申請手續

Point1

交屋驗收&成屋許可

Check！
Check！
Check！
這邊確認過，
沒問題了
Check！

Questions 211

竣工驗收該怎麼做？可以交由建築師處理嗎？

通常會交由建築師和技師處理，依建築師和技師照當初申請建照的設計圖面，逐一找出遺漏的施工項目，發現問題後進行修補施工。

其實，在建造房屋的過程中，每期的施工都會進行工程驗收。最後竣工驗收的部分，通常會經過結構、消防、機電等技師確認施工無誤後簽證。由於竣工驗查的項目較專業，通常交由建築師和技師按照設計圖面和合約要求，逐一對照，找出遺漏的施工項目，發現問題後制定作業計畫進行施工。

像是地面鋪磚尚未完成；冷氣管線等未裝設，不具備使用條件；或是房屋建築工程已完成，但其周圍的環境未清掃，仍有建築垃圾。這些都無法通過竣工的查驗。

營造商在交屋時，會整理出一份竣工資料，工程期間都會以照片記錄施工過程，並會附上建築材料和設備進場的證明及試驗報告等等，若材料或施工過程有所疑慮，即可憑藉資料檢討。

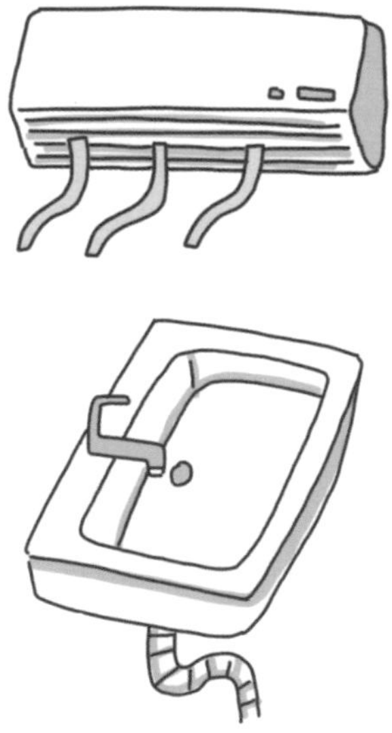

檢查機電管路是否具備使用功能

Questions 212

「建物所有權第一次登記」是什麼？要如何辦理？

建物所有權第一次登記，俗稱「保存登記」，為確保產權的證明。

所謂「保存登記」，是指建物向地政機關辦理的所有權的第一次登記，是為了確保產權的一項證明。當新建物完成後，以相關資料向地政機關申請登錄，有點類似新生兒出生後要向戶政機關報戶口。提出登記之後，你的新家才具有物權效力。保存登記並非強制性，有無登記均可；但相關資料不可遺失。

若你打算拿剛落成的新家向銀行貸款，就要辦理登記。因為，經保存登記，才能取得建物的所有權狀。通常，「保存登記」在新建物取得使用執照之後申請。不過，在向地政事務所申辦建物所有權第一次登記之前，需先申請「建物測量成果圖」（有的地政事務所可同時辦理）。故建議拿到使用執照之後，先至地政事務所申請「建物第一次測量」。地政事務所測量員至現場勘測後會核發「建物測量成果圖」，確定建物的位置及面積。

「保存登記」的登記者申請資格為建物的起造人，若證件齊全，可一天內跑完流程；但建物登記謄本則要經公告15天、期滿無人異議才可領取建物所有權狀，並可申請建物登記謄本。

若是委託代書代為進行保存登記，申請建物第一次測量為NT.2,500～3,000元，標示變更登記NT.1,500～2,000元，建物所有權第一次登記：NT.5,000～6,000／棟

申請保存登記應備文件

1. 土地登記申請書：可至地政機關的網站下載，或向地政事務所洽詢。
2. 建物使用執照或其他合法的房屋證明文件：來源為建築管理機關。
3. 申請人身分證明：戶籍謄本，或身分證、戶口名簿的影本。
4. 建物測量成果圖：事先向地政事務所申請測量。

Questions 213

如何辦理「使用執照」？

在竣工完成時，可委由營造廠或建築師申請「使用執照」。使用執照拿到後，才可進行後續的室內裝修和入住事宜

建築物在建造之前，必須先申請並領得「建造執照」，才可動工。建造完成後，則需申領「使用執照」才能使用。使用執照就像是嬰兒的出生證明，或像人的身分證一樣。使用執照拿到後，才可進行後續的室內裝修和入住事宜，以及向地政機關辦理「保存登記」。

通常會委託營造商向建管單位申請使用執照。對房屋起造人來說，建築使用執照會影響後續的保存登記或各項申請，是非常重要的證明文件。

申請使用執照應備文件

1. 使用執照申請書：包含起造人、承造人、監造人的名冊，以及建築物概要表。
2. 原領之建造執照或雜項執照。
3. 建築物竣工平面圖及立面圖。
4. 建物竣工照片。

Questions 214

什麼時候適合申請「房屋設籍登記」呢？

在房屋建造完成的30天內申報。

依據《房屋稅條例》第7條規定：「納稅義務人應於房屋建造完成之日起三十日內檢附有關文件，向當地主管稽徵機關申報房屋稅籍有關事項及使用情形；其有增建、改建、變更使用或移轉、承典時，亦同」。所以新、增、改建房屋，都應於完工日起30天內，至所轄的稅捐稽徵處申請設籍。

自地自建的屋主，建議你在建物第一次測量之後，一拿到「建物測量成果圖」就可去地政事務所申請測量謄本辦理登記。

申請房屋設籍登記應備文件

1 建築物使用執照影本：未領使用執照者，檢附建造執照影本。
2 平面圖或建物測量成果圖影本。
3 身份證正本
4 印章

Questions 215

如何申請門牌初編？

準備身份證、使用執照（或建造執照）等向戶政事務所申請。

建物完成後，讓房子有一個辨識通聯的地址，可向當地戶政事務所辦理門牌初編。申請者的資格為建物起造人、所有權人、現住人或管理人。

申請門牌應備文件

1 使申請人身分證明文件
2 原建造執照正本及建物位置簡略圖或建築物使用執照正本。

Questions 216

就要搬入新家了，水電瓦斯該如何申請呢？

其實，在建築設計階段，就必須將給水／排水／污水、電、弱電、天然瓦斯等管線規劃完成。有

些項目因各地方主管機關規定不同，而必須事先送審。若要申請接用，須在建築體完工並取得使用執照之後，才能個別向主管單位申請。

申請單位如下：

1 天然瓦斯：室內管線必須由瓦斯公司來規劃。

2 電信的弱電管線：弱電系統包含電話、保全、有線電視等系統。其中，電信的規劃得由中華電信審核，其餘必須送交NCC（國家傳播通信委員會）審查通過之後才可開工。

3 自來水：台灣自來水公司，可上網預約申辦。

4 電力：台灣電力公司。

5 電話：中華電信。

申辦用的文件通常需要身分證與印章、房屋所有權狀、室內用水用電或瓦斯的線路圖。

此外，如果你的新家位置偏遠，當地還沒有鋪設自來水與電力，申請也可能不獲通過，或是需要另外支付鋪設管線等費用。新鋪設的水電管線若需通過他人之土地，也必須事先取得所有權人或管理人之同意書或切結書才可申辦。

要注意的是，新蓋好的房子得銜接上戶外的管線才能使用，由於內外管線的銜接勢必會開挖馬路，需瞭解當地是否規定要「聯合開挖」。所謂的「聯合開挖」，也就是不管你是要新裝自來水、電力、電信或天然瓦斯，請你去跟各家公司協調同時開工，再來向縣市政府主管馬路維修的單位申請挖路許可。倘若該地政府規定新鋪設的柏油道路一或兩年內不准開挖路面，而你家才剛完工等著接用水電，那可麻煩！因此，建議你最好事先查詢清楚，以免申辦曠日廢時，影響使用權益。

該去找建築師了
下次再會
Bye!

專家諮詢

（以下依公司筆畫順序排列）

竹工凡木設計研究室／設計總監 邵唯晏
02-2836-3712

尚詰法律事務所／律師 吳俊達
02-2708-5881

林淵源建築師事務所／建築師 林淵源
02-2933-7167

威聖設計／建築師 吳威聖
03-593-3320

郭文豐建築師事務所／建築師 郭文豐
03-932-7364

暐震室內裝潢工程有限公司／游承豪
02-2207-2878

達觀總合設計事務所／建築師 田種玉
02-2634-1358

橡樹園藝／顏仲享
0931-661-855

興誠地政士事務所／代書 盧宏昌
04-2252-3100

圖解完全通 28

圖解自地自建 × 買地蓋屋完全通【暢銷更新典藏版】

掌握 10 大關鍵步驟，教你買對地、蓋好房，規劃、施工、資金、法規問題一次解決

作者｜漂亮家居編輯部

責任編輯｜蔡竺玲、黃敬翔
採訪編輯｜張華承、蔡竺玲

封面設計｜Pearl
美術設計｜詹淑娟、Pearl
攝影｜Amily、葉勇宏
插畫｜黃雅方
編輯助理｜劉婕柔
活動企劃｜洪擘

發行人｜何飛鵬
總經理｜李淑霞
社長｜林孟葦
總編輯｜張麗寶
內容總監｜楊宜倩
叢書主編｜許嘉芬

出版｜城邦文化事業股份有限公司 麥浩斯出版
地址｜104 台北市中山區民生東路二段 141 號 8 樓
電話｜02-2500-7578
E-mail｜cs@myhomelife.com.tw

發行｜英屬蓋曼群島商家庭傳媒股份有限公司城邦分公司
地址｜104 台北市民生東路二段 141 號 2 樓
讀者服務專線｜0800-020-299（週一至週五上午 09:30 ～ 12:00；下午 13:30 ～ 17:00）
讀者服務傳真｜02-2517-0999
讀者服務信箱｜service@cite.com.tw
劃撥帳號｜1983-3516
劃撥戶名｜英屬蓋曼群島商家庭傳媒股份有限公司城邦分公司

香港發行｜城邦（香港）出版集團有限公司
地址｜香港灣仔駱克道 193 號東超商業中心 1 樓
電話｜852-2508-6231
傳真｜852-2578-9337

馬新發行｜城邦（馬新）出版集團 Cite (M) Sdn.Bhd.
地址｜41, Jalan Radin Anum, Bandar Baru Sri Petaling, 57000 Kuala Lumpur, Malaysia.
電話｜603-9056-3833
傳真｜603-9057-6622
E-mail｜services@cite.my

總 經 銷｜聯合發行股份有限公司
電話｜02-2917-8022
傳真｜02-2915-6275

製版印刷｜凱林彩印事業股份有限公司
版次｜2023 年 03 月三版一刷
定價｜新台幣 499 元

國家圖書館出版品預行編目 (CIP) 資料

圖解自地自建 x 買地蓋屋完全通【暢銷更新典藏版】：掌握 10 大關鍵步驟，教你買對地、蓋好房，規劃、施工、資金、法規問題一次解決 / 漂亮家居編輯部作 . -- 三版 . -- 臺北市：城邦文化事業股份有限公司麥浩斯出版：英屬蓋曼群島商家庭傳媒股份有限公司城邦分公司發行， 2023.03
面； 公分 . --（圖解完全通；28)
ISBN 978-986-408-902-4(平裝)

1.CST: 房屋建築 2.CST: 室內設計

441.52 112001891